高阶运动场分析
计算机视觉方法

孙 妍 著

U0380338

东南大学出版社
SOUTHEAST UNIVERSITY PRESS
·南京·

图书在版编目(CIP)数据

高阶运动场分析：计算机视觉方法 / 孙妍著. --
南京：东南大学出版社，2024.11
ISBN 978-7-5766-1134-2

Ⅰ. ①高… Ⅱ. ①孙… Ⅲ. ①计算机视觉 Ⅳ.
①TP302.7

中国国家版本馆 CIP 数据核字(2023)第 252956 号

责任编辑:夏莉莉　责任校对:周　菊　封面设计:余武莉　责任印制:周荣虎

高阶运动场分析：计算机视觉方法
Gaojie Yundongchang Fenxi：Jisuanji Shijue Fangfa

著　　者	孙　妍	
出版发行	东南大学出版社	
出 版 人	白云飞	
社　　址	南京市四牌楼 2 号　邮编:210096	
网　　址	http://www.seupress.com	
经　　销	全国各地新华书店	
印　　刷	广东虎彩云印刷有限公司	
开　　本	700 mm×1000 mm　1/16	
印　　张	7.25	
字　　数	80 千字	
版　　次	2024 年 11 月第 1 版	
印　　次	2024 年 11 月第 1 次印刷	
书　　号	ISBN　978-7-5766-1134-2	
定　　价	58.00 元	

本社图书若有印装质量问题,请直接与营销部联系,电话:025-83791830。

缩　写

AE	角误差（Angular Error）
AEPE	平均终点误差（Average End Point Error）
CASIA	CASIA 步态数据库（The CASIA Gait Database）
EPE	终点误差（End Point Error）
GT	真实标签（Ground Truth）
k-NN	k-最近邻算法（k-Nearest Neighbours Algorithm）
OU-ISIR	OU-ISIR 步态数据库（The OU-ISIR Gait Database）
PR	准确率-召回率（Precise-Recall）
ROI	感兴趣区域（Region of Interest）
SD	标准差（Standard Deviation）
SIFT	尺度不变特征变换（Scale-Invariant Feature Transform）
SOTON	大型步态数据库（The Large Gait Database）

前　言
PREFACE

　　计算机视觉中大多数关于运动分析的研究尚未深入探究加速度等高阶运动的基本特性。因此,本书初步研究了高阶运动场及其组成部分,揭示了混沌的运动场特性。我们可以进一步地扩展这一概念:检测图像运动中的高阶运动。本书展示了如何从图像序列中获取加速度、急动度和痉挛度。我们认为高阶运动是一种独特的运动特征,可以被作为一种通用的运动描述符进行推广。书中的实验表明,高阶运动检测算法在合成图像和真实图像上具有区分不同类型运动的能力。步态分析数据和足跟触地的检测结果揭示了高阶运动描述动作特性的能力,为未来的研究和应用提供了基础。

　　本书共有 6 章,第 1 章概述了本书的内容和写作意图。第 2 章简要介绍了光流,并比较了 4 个基础算法,对比了不同算法的优势和弱点。第 3 章介绍了加速度算法,包括其在合成图像和真实图像上的实验结果。第 4 章将光流分解为更高阶的组成部分。第 5 章介绍了通过高阶运动检测步态分析中足跟触地的方法，并基于多个数据集验证了算法性能。第 6 章总结了本书：对高阶运动描述符进行分析，结果表明这一概念值得进一步研究，且初步探索了其潜在的应用场景。最后，感谢 Mark S. Nixon 教授和 Jonathon S. Hare 教授对此书的建议和指导。

本书由国家自然科学基金（62002215）上海市浦江人才项目（20PJ1404400）资助出版。

孙　妍

目　录

CONTENTS

1

概述

一幅数字图像本质上是冻结了某个瞬间，这其中包含了在这个瞬间发生的所有运动，因此视频中包含了许多运动，这些运动汇集在一起形成图像序列。实际上，运动的物体可以被分为许多不同的类型：在最简单的情况下，有以恒定速度运动的物体，还有一些以加速度运动的物体；甚至在实际中，许多物体具有比恒定速度和加速度更为复杂的运动特质。高阶运动是一种独特的运动特征，应在计算机视觉中进行系统研究，并被引入作为基本的运动性质描述符。

只要将一个正在散步的人和一个正在冲刺的运动员的图像放在一起进行对比，就可以展示出运动的多样性。此外，这两类运动主体的各个部分都在经历着不同类型的运动，尤其是腿部。比如，当一个人在行走时，身体以大致恒定的速度移动，下半身中一条腿会保持静止以支撑身体，而另一条腿则向前摆动，如图 1.1 所示。这些运动都可以通过加速度的特性进行分类，因为一旦一个物体的状态发生了变化，就必然会产生加速度。由此，理论上可以通过提取目标的加速度特征来找到人体的下肢部分，并且可以进一步区分支撑腿和摆动腿。

图 1.1　一个步态周期（Cunado et al.，2003）

本书介绍了用于计算高阶运动场及其组成部分的算法。加速度、急动度和痉挛度为合成图像和真实图像提供了不同的运动特征。本书的主要内容包括：

- 提出了基于 Horn-Schunck 光流算法（Horn et al.，1981）的加速度算法。该算法从运动中提取了加速度，同时也保留了 Horn-Schunck 算法的特性。

- 通过实验发现，基于 Horn-Schunck 的加速度算法中的约束条件对于真实视频中的运动过于苛刻，因此本书使用了其他最新的高精度光流算法来近似加速度场，从而使其在真实视频中具有更广泛的适用性。

- 加速度被分解为两个组成部分，径向加速度和切向加速度，用于更加深入理解运动特性。

- 径向加速度可用于定位步态分析中足跟触地发生的关键帧和触地位置。径向加速度只需三帧即可进行足跟触地的检测，而前人的方法则需要整个视频来确定。

- 实验结果表明，加速度检测器可以显著提高检测足跟触地位置的精确度，特别是当与均值漂移等分类方法结合使用时。

- 通过对多个数据集以及不同类型的噪声干扰（视角变化、光照条件、高斯噪声、遮挡和低分辨率图像）的测试，验证了高阶运动特征对不同成像变量条件的鲁棒性。

- 与其他足跟触地检测技术相比，径向加速度对高斯噪声的敏感性较低，对检测区域的遮挡相对来说更为敏感。
- 对合成和真实视频中的加速度、急动度和痉挛度以及其组成部分的变化和特征进行了初步研究，结果显示了视频理解的潜在应用方向和进一步研究的潜力。

2

数字图像序列中运动的描述方法：光流

2.1　概述

本章介绍了光流技术的原理，并评估了几种经典光流算法在合成图像和真实图像序列上的性能。结果显示，如果运动的幅度较大，那么 Horn-Schunck 算法的效果较差。而对于 Block Matching（块匹配）算法来说，块的大小对于结果至关重要：如果块的尺寸选取过小，那么可能无法整合图像中所有区域；而如果块太大，那么可能会导致部分块包含了属于其他块的运动信息。Farnebäck 算法在运动边界区域估计光流的表现不佳。最后，DeepFlow 在大多数情况下，表现都优于其他的技术。

2.2　光流

光流的概念首次由 James J. Gibson 在 1950 年提出。光流指的是相对运动引起的观察者与观察对象之间的视觉运动（Fortun et al.，2015），目前已广泛应用于图像处理的许多领域，例如运动估计和视频压缩等。对于一幅图像来说，光流表示的是亮度模式的变化。图 2.1（a）和（b）展示了苏黎世计算机视觉实验室光流数据集中的两个连续帧，图 2.1（c）则是它们之间的光流场。光流可以应用于视频运动场景里的许多方面：最突出的作用就是将运动中的人和电车突显出来，而静止的物体，例如树木，则没有显示出来。

（a）第 n 帧

（b）第 $n+1$ 帧

（c）光流场

图 2.1　连续帧及其之间的光流场[①]

　　光流计算是计算机视觉中最早开始研究，并且目前仍然十分活跃的研究方向之一。自从 Horn 和 Schunck 在 1981 年首次提出变分光流计算方法以来，许多研究人员在此基础上引入了许多新

---

① 视频数据来自 Middlebury 计算机视觉评估和数据集网站。

的方法和概念，并且逐渐改善了光流计算方法的性能。然而，光流的基本假设并没有发生太大变化（Fortun et al.，2015），大多数的光流计算方法都是通过优化数据项和先验项的加权和来估计光流的（Baker et al.，2011）。数学公式可以表示为：

$$I = I_{\text{data}} + \alpha I_{\text{prior}} \tag{2.1}$$

下面我们将分别介绍这两项的表达式。

2.2.1 数据项

2.2.1.1 亮度约束

光流计算方法中的最基本假设是图像中的像素点亮度恒定（Horn et al.，1981）。假设在第 t 帧中像素点（x，y）的强度为 I（x，y，t），亮度恒定的约束条件指的是该点的强度在连续的时刻之间保持恒定：

$$I(x, y, t) = I(x + \Delta x, y + \Delta y, t + \Delta t) \tag{2.2}$$

而连续的时刻内像素点强度的变化，即式（2.2）等号的右边可以通过泰勒级数展开来近似：

$$I(x + \Delta x, y + \Delta y, t + \Delta t) = I(x, y, t) +$$
$$\frac{\partial I}{\partial x}\Delta x + \frac{\partial I}{\partial y}\Delta y + \frac{\partial I}{\partial t}\Delta t + O(\Delta i^2) \tag{2.3}$$

如果时间变化趋于 0，即 $\Delta t \to 0$，那么：

$$\frac{\partial I}{\partial x}\text{d}x + \frac{\partial I}{\partial y}\text{d}y + \frac{\partial I}{\partial t}\text{d}t = 0 \tag{2.4}$$

将上式两边同除以 $\mathrm{d}t$：

$$\frac{\partial \boldsymbol{I}}{\partial x}\frac{\mathrm{d}x}{\mathrm{d}t} + \frac{\partial \boldsymbol{I}}{\partial y}\frac{\mathrm{d}y}{\mathrm{d}t} + \frac{\partial \boldsymbol{I}}{\partial t} = 0 \tag{2.5}$$

如果用 u 和 v 分别表示 $\dfrac{\mathrm{d}x}{\mathrm{d}t}$ 和 $\dfrac{\mathrm{d}y}{\mathrm{d}t}$，那么就给出了光流约束公式：

$$(\boldsymbol{I}_x , \boldsymbol{I}_y) \cdot (u , v) = -\boldsymbol{I}_t \tag{2.6}$$

在公式（2.6）中存在两个未知数 u 和 v，但目前只有一个约束方程。因此，为了求解上述不适定问题，我们稍后将引入先验项。除了将亮度恒定作为数据项的约束外，也有其他方法提出使用色彩空间进行约束，如 Zimmer 等（2009）就在数据项中引入了 HSV 色彩空间。

2.2.1.2 惩罚项

用于估计光流的关键步骤之一是选择惩罚函数。最常见的选择是 L2 范数（Horn et al.，1981），其简化了计算过程：

$$e_c = \iint (\boldsymbol{I}_x u + \boldsymbol{I}_y v + \boldsymbol{I}_t)^2 \mathrm{d}x \mathrm{d}y \tag{2.7}$$

该式对应于高斯假设，因此当存在遮挡时，计算边界区域的光流不够鲁棒。Black 和 Anandan（1996）提出了一个相对鲁棒的计算方法，该方法也被用于后续的一些工作（Wedel et al.，2009；Xu et al.，2012）。另一个常见的惩罚函数是 L1 范数（Brox et al.，2004）。

2.2.1.3 其他特征

除了视频帧的亮度之外，鲁棒的匹配特征也可以用于计算视频中的运动场。Brox 等将梯度一致性与亮度结合起来（Brox et al.，2004）；而 DeepFlow（Weinzaepfel et al.，2013）和 SIFT flow（Liu et al.，2008）都利用了尺度不变特征变换（SIFT）进行匹配，SIFT 在光照不变的特征中表现最佳。

2.2.2 先验项

为了使方程有解，在有了数据项后，还需要引入额外的约束条件，即先验项。最广泛使用的先验项是运动的平滑性，它假设属于同一目标的相邻像素具有相似的运动（Horn et al.，1981；Lucas et al.，1981）。如果使用 L2 范数，那么惩罚函数是：

$$e_s = \iint \left[\left(\frac{\partial u}{\partial x} \right)^2 + \left(\frac{\partial u}{\partial y} \right)^2 + \left(\frac{\partial v}{\partial x} \right)^2 + \left(\frac{\partial v}{\partial y} \right)^2 \right] \mathrm{d}x\,\mathrm{d}y \quad (2.8)$$

除了一阶平滑方法，Trobin 等（2008）使用二阶平滑实现了高精度的光流计算，而 Wedel 等（2009）则将运动的刚性性质作为它们的先验项。

2.2.3 深度学习方法

在近年来掀起的深度学习浪潮中，很难忽略基于深度学习的光流计算方法。Gordong 和 Milman（2006）提出了基于亮度误差和平滑性约束的统计模型。FlowNet 则使用卷积神经网络（CNN）从大量的训练数据中预测光流（Dosovitskiy et al.，2015）。

近年来，循环全对场变换（Recurrent All-Pairs Field Transforms，RAFT）（Teed et al.，2020）结合 CNN 和循环神经网络（RNN），取得了更加精确的结果。除了上述方法，还有许多优化方法可以改善光流算法的性能，然而这超出了本书的意图。下一节将详细介绍并比较四种经典光流算法的性能。

2.3　光流算法

2.3.1　差分法

Horn 和 Schunck 于 1981 年提出了第一个基于差分的光流计算方法，该方法的提出标志着计算机视觉领域中变分法的开端（Sun et al.，2014）。如今，大多数最新提出的算法仍然基于 Horn-Schunck 最初的理论。这些算法通常都假设亮度恒定并且运动是平滑的，通过计算图像亮度的时空导数来估计光流。结合方程式（2.7）和式（2.8），光流场可通过最小化水平和竖直方向上的变化来估计：

$$e = \alpha e_s + e_c = \iint \left[\alpha (\nabla^2 u + \nabla^2 v) + (\boldsymbol{I}_x u + \boldsymbol{I}_y v + \boldsymbol{I}_t)^2 \right] \mathrm{d}x\mathrm{d}y$$

$$(2.9)$$

其中，α 是运动平滑程度的系数。该光流估计方程的解，即速度场 $(u，v)$，是通过最小化总误差来获得的（Horn et al.，1981）。

2.3.2　基于区域的方法

Block Matching 是区域匹配技术中最基本的方法之一。该算法假设如果运动是连续的，即没有遮挡，那么每个单独像素的亮度在连续的帧之间是保持不变的（Fortun et al.，2015）。光流场则可以简单地通过寻找邻域内哪个块与当前块最为匹配来计算。

区域匹配技术可以通过最小化图像中块之间的平方误差和（Sum of Squared Difference，SSD）来实现（Barron et al.，1994）：

$$\text{SSD} = \sum_{(x,y) \in B} \left[I(x + \Delta x, y + \Delta y, t + \Delta t) - I(x, y, t) \right]^2$$

(2.10)

其中，$I(x, y, t)$ 表示在第 t 帧中位于 (x, y) 的像素亮度。由于块匹配方法是在搜索区域内寻找与当前块误差最小的匹配块，因此此方法计算的光流场是当前块和匹配块之间的位置变化（Yaakob et al.，2013）。

2.3.3 稠密光流

Farnebäck 于 2003 年提出了一种基于多项式展开的光流算法，该算法是最重要的稠密光流计算方法之一。在该算法中，每个像素的邻域可以通过多项式展开来近似，如下式所示：

$$f(x) \approx x^{\text{T}} A x + b^{\text{T}} x + c$$

(2.11)

其中，$x = (i \quad j)^{\text{T}}$，$A$ 是一个 2×2 矩阵，b 是一个 2×1 向量。该算法假设图像亮度保持不变。因此，如果用 d 来表示 $f_1(x)$ 和 $f_2(x)$ 之间的位移，那么：

$$f_2(x) = f_1(x - d) = (x - d)^{\text{T}} A_1 (x - d) + b_1^{\text{T}} (x - d) + c_1$$

$$= x^{\mathrm{T}} A_2 x + b_2^{\mathrm{T}} x + c_2 \tag{2.12}$$

$$\begin{cases} A_2 = A_1, \\ b_2 = b_1 - 2A_1 d, \\ c_2 = d^{\mathrm{T}} A_1 d - b_1^{\mathrm{T}} d + c_1 \end{cases} \tag{2.13}$$

由此，如果 A_1 是非奇异的，那么位移 d 可以通过下式来计算：

$$d = -\frac{1}{2} A_1^{-1} (b_2 - b_1) \tag{2.14}$$

2.3.4 DeepFlow

DeepFlow 由 Weinzaepfel 等于 2013 年提出。该算法已经成为近年来广受欢迎的光流算法之一，因为其在视频中具有较大的位移和非刚性运动的情况下，计算光流的表现十分出色。DeepFlow 将描述符匹配算法和计算大位移的光流技术结合起来（Weinzaepfel et al.，2013）。接下来我们将分两个部分介绍DeepFlow：深度匹配算法（DeepMatching）和能量最小化框架。

2.3.4.1 深度匹配

深度匹配算法首先将尺度不变特征变换（SIFT）（Lowe，2004）描述符从一个 128 维实向量拆分为四个子类：当前计算点的梯度方向从 $H \in \mathbf{R}^{128}$ 变成了 $H = \begin{bmatrix} H^1 & H^2 & H^3 & H^4 \end{bmatrix}$，其中 $H^s \in \mathbf{R}^{32}$（$s = 1，2，3，4$）。为了最大化目标区域和匹配区域的描述符之间的相似性，相较于固定每个象限，DeepFlow 假设它们可以在某种程度上独立移动，从而优化了 H^s 在目标描述符上的位置：

$$\text{sim}\big[(\boldsymbol{H}^s)^{\mathrm{T}}, Q(p)\big] = \sum_{s=1}^{4} \max_{ps} (\boldsymbol{H}^s)^{\mathrm{T}} Q(p_s) \qquad (2.15)$$

其中，$Q(p) \in \mathbf{R}^{32}$ 表示的是参考描述符中的一个象限。因为假设每个象限可以独立移动，所以深度匹配可以有效地获得一种从粗到细的非刚性匹配方法。

如果 $\{\boldsymbol{P}_{i,j}\}_{i,j=0}^{L-1}$ 和 $\{\boldsymbol{P}_{i,j}'\}_{i,j=0}^{L-1}$ 分别表示参考描述符和目标描述符，那么最优的变形结果 ω^* 则是其中像素相似性最高的变形：

$$S(\omega^*) = \max_{\omega \in W} S(\omega) = \max_{\omega \in W} \sum_{i,j} \text{sim}\{\boldsymbol{P}(i,j), \boldsymbol{P}'[\omega(i,j)]\}$$

$$(2.16)$$

其中，$\omega(i, j)$ 表示像素 (i, j) 在 $\boldsymbol{P}'$ 中的位置。通过递归，我们可以获得对参考描述符和目标描述符形变高度鲁棒的最优变形结果（Weinzaepfel et al.，2013）.

2.3.4.2 能量最小化框架

DeepFlow 方法类似于 Horn-Schunck 方法，它同样基于亮度不变和平滑运动这两个假设条件。此外，它的框架中还融入了额外的深度匹配项：

$$E(\omega) = \int (E_D + \alpha E_S + \beta E_M) \mathrm{d}x \qquad (2.17)$$

其中，E_D 是数据项，E_S 是平滑项，E_M 是匹配项。对其中每一项都使用鲁棒的惩罚函数：

$$\varPsi(s) = \sqrt{s^2 + \varepsilon^2} \qquad (2.18)$$

其中，$\varepsilon = 0.001$ 是实验设定的超参数。数据项由两个亮度的惩罚项组成：

$$E_D = \delta\Psi\left(\sum_{i=1}^{c} \boldsymbol{\omega}^{\mathrm{T}}\bar{\boldsymbol{J}}_0^i\boldsymbol{\omega}\right) + \gamma\Psi\left(\sum_{i=1}^{c} \boldsymbol{\omega}^{\mathrm{T}}\bar{\boldsymbol{J}}_{xy}^i\boldsymbol{\omega}\right) \qquad (2.19)$$

其中，第一项是图像通道上的惩罚项，第二项是 x 和 y 轴方向上的惩罚项。$\boldsymbol{\omega} = (u, v)^{\mathrm{T}}$ 是我们要估计的光流，c 是图像通道的数量。$\bar{\boldsymbol{J}}_0$ 是一个通过空间导数进行归一化的张量：

$$\bar{\boldsymbol{J}}_0^i = \theta_0(\nabla_3 I^i)(\nabla_3^{\mathrm{T}} I^i) \qquad (2.20)$$

其中，∇_3 表示时空梯度（∂x，∂y，∂z）；θ_0 是空间归一化因子（$\|\nabla_2 I^i\|^2 + \xi^2)^{-1}$，用于降低小梯度位置的影响，其中 $\xi = 0.1$ 用于防止空间归一化因子为零。梯度一致性的惩罚项分别沿着 x 和 y 轴进行了归一化：

$$\bar{\boldsymbol{J}}_{xy}^i = (\nabla_3 I_x^i)(\nabla_3^{\mathrm{T}} I_x^i)(\|\nabla_2 I_x^i\|^2 + \xi^2)^{-1} +$$
$$(\nabla_3 I_y^i)(\nabla_3^{\mathrm{T}} I_y^i)(\|\nabla_2 I_y^i\|^2 + \xi^2)^{-1} \qquad (2.21)$$

其中，I_x 和 I_y 是水平和垂直方向上的梯度导数。

DeepFlow 中的平滑项是对梯度的惩罚：

$$E_S = \Psi(\|\nabla u\|^2 + \|\nabla v\|^2) \qquad (2.22)$$

匹配项的目的是找到与第 2.3.4.1 节中介绍的变形结果 $\boldsymbol{\omega}$ 和提前获得的真实变化 $\boldsymbol{\omega}'$ 之间的差距，它们的差异估计可通过下式表示：

$$E_M = b\varphi\Psi \parallel \boldsymbol{\omega} - \boldsymbol{\omega}' \parallel^2 \tag{2.23}$$

由于匹配是半稠密的，因此在匹配项中添加了一个二值项 $b(x)$。只有在位置 x 处存在匹配时，$b(x)$ 才等于 1。$\varphi(x)$ 是一个权重函数，它在平坦区域中的值较低。最终，光流 $\boldsymbol{\omega} = (u, v)^T$ 可以通过最小化能量函数来估计（Weinzaepfel et al., 2013）。

本节介绍了不同类型的经典光流算法的原理以及最新技术。在对比它们的表现并进行评估之前，我们有必要先介绍性能的量化方法。

2.4 光流算法性能量化的预备知识

2.4.1 具有指定动态变化的合成图像

合成图像的优势在于它们不受反光或其他类型噪声的影响。此外，运动场和场景属性可以根据需要进行合成。为了展示并比较不同算法计算光流的效果，实验需要一些仅包含简单运动（例如线性平移或旋转）的测试图像。在实验中，我们构建了两组合成图像序列，用于展示不同光流算法的优势与缺点。

合成图像序列使用了线性平移和旋转前景图像来模拟简单的位移，该图像为 Middlebury 数据库中的光流测试图像（Baker et al., 2011）。Middlebury 中的 Mequon 图像（图 2.2 中的前景图像块）的一部分嵌入 Wooden 图像序列的其中一帧当中。Mequon 图像沿着直线轨迹向右下角移动，速度分别为 1 像素/帧和 3 像素/帧。合成的旋转序列是通过将中间的正方形围绕其中心旋转以形成圆形运动而获得的。图 2.2 为线性平移和旋转的示例，其中的线性位移距离为 32 像素，旋转图像的旋转角度为 10° 和 30°。

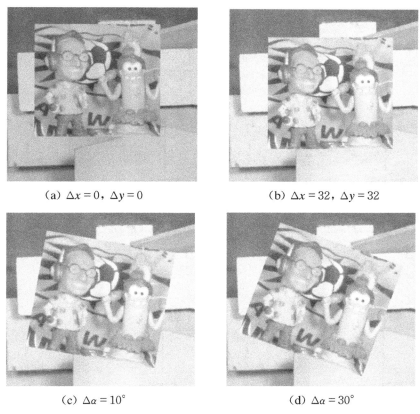

(a) $\Delta x = 0$，$\Delta y = 0$ (b) $\Delta x = 32$，$\Delta y = 32$

(c) $\Delta \alpha = 10°$ (d) $\Delta \alpha = 30°$

图 2.2　合成测试图像的示例

扫码看彩图

2.4.2　光流的可视化

在早期研究光流的学术论文中，光流场一般通过箭头可视化。这些箭头从初始位置指向移动的方向，箭头的长度则表示位移的大小。图 2.3 展示了用箭头表示的光流场。

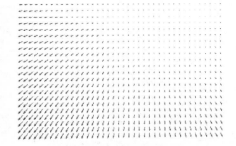

（a）Yosemite 图像序列中的一帧　　　（b）通过箭头可视化的运动场

图 2.3　用箭头表示的光流场（Farnebäck，2003）

随着光流技术的发展，新的光流算法能够处理更复杂以及各向异性的运动情况。因此在分析复杂运动的情况时，用箭头表示光流可能会引起混淆。Baker 等（2011）在创建光流数据集时，为可视化复杂的运动场创建了一种通过颜色来表示运动的方法。颜色表示法如图 2.4 所示，其中，色调表示方向，而饱和度则表示光流的强度，即大小。

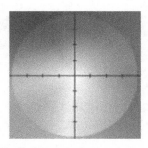

扫码看彩图

图 2.4　运动场的颜色表示法（Baker et al.，2011）

2.4.3　光流误差衡量指标

一般来说，在光流中通常使用两种常见的方法来测量计算误差：角误差（Angular Error，AE）和终点误差（End Point

Error，EPE）（Baker et al.，2011）。如果真实的光流向量和通过算法估计的向量分别用（u_{GT}，v_{GT})^T，（u，v)^T 来表示，那么角误差（AE）通过真实光流和预测光流之间的夹角来表示，该夹角通过三维（像素、像素、帧）来描述：

$$AE = \arccos\left(\frac{1.0 + u \times u_{GT} + v \times v_{GT}}{\sqrt{1 + u^2 + v^2}\ \sqrt{1 + u_{GT}^2 + v_{GT}^2}} \right) \quad (2.24)$$

其中，（u_{GT}，v_{GT}，1)^T，（u，v，1)^T 分别表示两个经过扩展的三维向量。第二种测量方法，终点误差（EPE）在二维图像平面上衡量两个向量指向终点的欧几里得距离：

$$EPE = \sqrt{(u - u_{GT})^2 + (v - v_{GT})^2} \quad (2.25)$$

以上提到的两种测量方法都有各自的优势和不足：AE 对小位移误差更敏感，但在惩罚程度上低估了大误差；EPE 则对大的测量误差施加更为严格的惩罚，但对小误差不敏感（Fortun et al.，2015）。现在我们已经对如何呈现和评估光流有了一定的了解，下一节将对第 2.3 节介绍的方法进行性能测试，并通过最合适的方式展示计算结果。

2.5　光流算法在人工图像上的表现

首先，我们在线性平移序列上测试不同的光流算法性能，对于简单运动，计算结果可以突出该方法的某些缺陷。光流场的计算结果如图 2.5 所示。尽管结果可以通过图像自行展示，但在这里仍然需要一些分析和讨论。

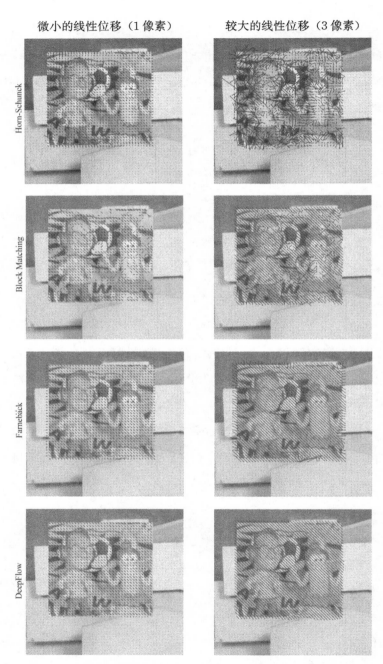

图 2.5　在较小和较大的线性位移的情况下估计光流场

首先我们从微小的运动开始，可以观察到所有的光流计算方法都能计算出相当准确的光流场。而当线性位移增加到 3 像素时，Horn-Schunck 和 Block Matching 的结果相对来说较差，因为这两种算法是没有经过多层细化的全局算法。Block Matching 在较为平滑区域上存在更多的光流估计错误，主要原因是像 Block Matching 这样的局部算法并不适用于计算平滑区域的光流场（Sun，2013）。Block Matching 的准确性在很大程度上取决于根据图像序列本身的运动和纹理特性选择的恰当的 Block 尺寸大小。Farnebäck 在选取的 Block 边缘处会产生一些方向性误差。DeepFlow 在两种情况下都表现得最好，包括图像中不连续的区域。

除了合成图像之外，实验中还在著名的光流测试序列 Yosemite 上对这几种光流算法进行了评估，如图 2.6 所示。该测试序列传统上来说对光流算法是一个挑战，因为在该测试序列中，不同区域的移动是不同的，并且山脉之间的边缘在场景移动时被其他移动物体遮挡。序列中产生的非均匀运动是现实世界中的三维运动映射在二维图像表面上的不对称投影所引起的：图像右上角的场景以 2 像素/帧的速度向右平移，而左下角的像素移动速度为 4～5 像素/帧（Barron et al.，1994）。尽管该场景有些复杂，但运动是简单的，图像中相机平稳向前做直线移动，没有发生旋转或扭曲。

在 Yosemite 测试序列上各算法的表现与在合成序列中一致，DeepFlow 计算的运动场是线性的，并且沿着相机的移动方向均匀分布，与真实的运动场基本一致。Farnebäck 的计算结果在图像的边缘存在一些噪声，而 Horn-Schunck 和 Block Matching 这两种算法在 Yosemite 上的表现较差。

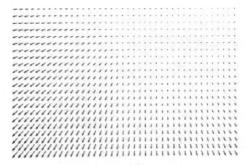

（a）Yosemite 的真实光流场

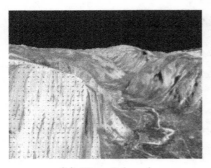

（b）Horn-Schunck

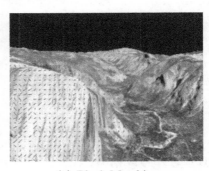

（c）Block Matching

（d）Farnebäck

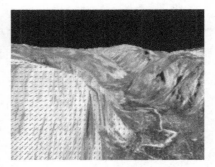

（e）DeepFlow

扫码看彩图

图 2.6　Yosemite 的真实光流场与光流算法的计算结果

　　为了进行更客观的评估，我们将这些算法应用于 Middlebury（Baker et al.，2011）提供的七个图像序列上，并与该数据集所提供的真实运动场比较计算平均终点误差与标准差。表 2.1 展示了各算法在七个测试序列上的平均终点误差（AEPE），即算法估计的光流场与真实的光流场的平均终点距离。表2.2为表2.1中各序列平均终点误差的标准差（SD）。

表 2.1　Middlebury 数据集上的平均终点误差

测试序列	Horn-Schunck	Block Matching	Farnebäck	DeepFlow
Dimetrodon	1.66	1.78	0.26	0.11
Hydrangea	3.35	2.79	0.65	0.17
Rubber Whale	0.61	0.82	0.21	0.13
Urban2	8.06	8.09	7.53	0.29
Urban3	7.18	7.05	6.75	0.44
Grove2	3.16	1.37	0.47	0.18
Grove3	3.89	2.98	2.37	0.66
平均误差	3.99	3.55	2.61	0.28

表 2.2　平均终点误差的标准差

测试序列	Horn-Schunck	Block Matching	Farnebäck	DeepFlow
Dimetrodon	0.94	1.24	0.41	0.1
Hydrangea	1.6	2.13	1.48	0.36
Rubber Whale	0.65	0.88	0.48	0.26
Urban2	8.17	8.23	8.85	0.95
Urban3	4.83	4.85	5.53	1.44
Grove2	1.32	1.57	0.96	0.43
Grove3	2.96	2.93	3.12	1.45
平均误差	2.92	3.12	2.98	0.71

除此之外，图2.7和图2.8展示了各算法在 Rubber Whale 和

（a）第 10 帧（Baker et al.，2011）　　　（b）第 11 帧（Baker et al.，2011）

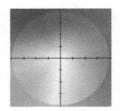

（c）真实光流场（Baker et al.，2011）　　　（d）颜色编码表示方法

（e）Horn-Schunck　　　（f）Block Matching

（g）Farnebäck　　　（h）DeepFlow

图 2.7　输入序列 Rubber Whale 的真实光流场
以及各算法计算的光流结果

扫码看彩图

（a）第10帧（Baker et al.，2011）

（b）第11帧（Baker et al.，2011）

（c）真实光流场
（Baker et al.，2011）

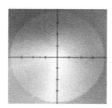

（d）颜色编码表示方法
（Baker et al.，2011）

（e）Horn-Schunck

（f）Block Matching

（g）Farnebäck

（h）DeepFlow

图 2.8　输入序列 Dimetrodon 的真实光流场

以及各算法计算的光流结果

扫码看彩图

Dimetrodon 这两个测试序列上的光流估计结果。与之前展示的合成测试图像不同，Middlebury 的测试序列所包含的运动场更为复杂，因此在这里选择使用颜色编码来展示计算的光流场。

在 Middlebury 测试序列上的实验结果与之前合成图像的结果一致：DeepFlow 表现优于其他算法。DeepFlow 算法的准确性主要得益于其在特征匹配中使用比较鲁棒的 SIFT 描述符，以及在多个尺度下构建响应金字塔，而其他算法则都为全局算法，因此缺乏不同尺度下对于光流的计算。DeepFlow 的主要缺点是在检测小物体的运动时表现不佳，如图 2.8（h）中所展示的，恐龙头部的形状非常模糊。尽管对于小物体运动检测的结果不佳，但 DeepFlow 其他的结果与真实运动场十分接近，并且优于其他算法。

3

分析计算机图像序列中的加速度场

3.1 概述

在计算机视觉领域的大多数关于运动分析的研究中，通常只考虑连续帧之间的相对运动，而不考虑更高阶的运动。但事实上，加速度相比位移或速度来说，特征更为明显。从加速度的角度分析运动可以更好地理解场景。本章介绍了计算机视觉中，对于加速度的检测算法，并将其应用于现实世界中以分析视频中的运动。此外，进一步将加速度场分解成不同的组成部分，从而更深入地理解当前发生的运动特性。利用这些算法在各种图像序列上进行了测试，实验结果表明，加速度在区分不同运动方面具有更为突出的能力，而单纯的速度并没有显示出明显的差异。

3.2 加速度场的计算方法

3.2.1 从光流中获取加速度

加速度是描述速度变化的幅度和方向的矢量。平均加速度是在一定的时间区间内速度变化的平均率。与速度一样，当时间区间趋近于零时，可以称为瞬时加速度：

$$a = \lim_{\Delta t \to 0} \frac{\Delta v}{\Delta t} = \frac{\mathrm{d}v}{\mathrm{d}t} \tag{3.1}$$

Chen 等在 2015 年提出了一种基于光流经典算法 Horn-Schunck 和 Lucas-Kanade 的组合算法来计算加速度流（Chen et al.，2015）。他们的算法同样假设图像亮度在短时间内是恒定的。如果令 $I(x，y，t)$ 表示像素点 $(x，y)$ 在时间 t 的像素值，那么可以得到：

$$I(t - \Delta t)_{x-\Delta x_1, y-\Delta y_1} = I(t)_{x,y} = I(t + \Delta t)_{x+\Delta x_2, y+\Delta y_2} \tag{3.2}$$

将上式的左侧用泰勒展开式展开，则会得到：

$$
\begin{aligned}
I(t - \Delta t)_{x-\Delta x_1, y-\Delta y_1} = I(t)_{x,y} &- I_x \Delta x_1 - I_y \Delta y_1 - I_t \Delta t + \\
&\frac{1}{2}\big[I_{xx}(\Delta x_1)^2\big] + \frac{1}{2}\big[I_{yy}(\Delta y_1)^2\big] + \\
&\frac{1}{2}\big[I_{tt}(\Delta t)^2\big] + I_{xy}\Delta x_1 \Delta y_1 + \\
&I_{xt}\Delta x_1 \Delta t + I_{yt}\Delta y_1 \Delta t + \xi
\end{aligned} \tag{3.3}
$$

其中，Δx_1 和 Δy_1 表示第一帧与第二帧之间水平和竖直方向上的位移；$I_x = \partial I / \partial x$，$I_y = \partial I / \partial y$，$I_t = \partial I / \partial t$ 分别为第 t 帧的时空一阶偏导；I_{xx}，I_{xy}，I_{yy}，I_{xt}，I_{yt} 以及 I_{tt} 是二阶偏导（$I_{xx} = \partial^2 I / \partial x^2$，其他项也由类似公式推出）；$\xi$ 表示更高阶的项。

式（3.2）的右侧以式（3.3）同样的方式展开，经过整理可以得到：

$$I_{tt}(\Delta t)^2 + I_{xt}(\Delta x_1 + \Delta x_2)\Delta t + I_{yt}(\Delta y_1 + \Delta y_2)\Delta t +$$

$$I_{xy}(\Delta x_1\Delta y_1 + \Delta x_2\Delta y_2) + \frac{1}{2}I_{xx}\big[(\Delta x_1)^2 + (\Delta x_2)^2\big] +$$

$$\frac{1}{2}I_{yy}\big[(\Delta y_1)^2 + (\Delta y_2)^2\big] + I_x(\Delta x_2 - \Delta x_1) +$$

$$I_y(\Delta y_2 - \Delta y_1) + \xi = 0 \tag{3.4}$$

公式两边同除以（Δt）^{2}，并且同时忽略高阶项 ξ，得到：

$$I_{tt} + I_{xt}\left(\frac{\Delta x_1}{\Delta t} + \frac{\Delta x_2}{\Delta t}\right) + I_{yt}\left(\frac{\Delta y_1}{\Delta t} + \frac{\Delta y_2}{\Delta t}\right) + I_{xy}\left(\frac{\Delta x_1}{\Delta t}\frac{\Delta y_1}{\Delta t} + \frac{\Delta x_2}{\Delta t}\frac{\Delta y_2}{\Delta t}\right) +$$

$$\frac{1}{2}I_{xx}\left[\left(\frac{\Delta x_1}{\Delta t}\right)^2 + \left(\frac{\Delta x_2}{\Delta t}\right)^2\right] + \frac{1}{2}I_{yy}\left[\left(\frac{\Delta y_1}{\Delta t}\right)^2 + \left(\frac{\Delta y_2}{\Delta t}\right)^2\right] +$$

$$I_x\frac{1}{\Delta t}\left(\frac{\Delta x_2}{\Delta t} - \frac{\Delta x_1}{\Delta t}\right) + I_y\frac{1}{\Delta t}\left(\frac{\Delta y_2}{\Delta t} - \frac{\Delta y_1}{\Delta t}\right) = 0 \tag{3.5}$$

如果 $\Delta t \rightarrow 0$，那么 $\dfrac{\Delta x_1}{\Delta t}$，$\dfrac{\Delta x_2}{\Delta t}$，$\dfrac{\Delta y_1}{\Delta t}$ 和 $\dfrac{\Delta y_2}{\Delta t}$ 表示在水平和竖直方向上的速度，我们分别用 u_1，u_2，v_1 和 v_2 来简化表示。在 Chen 等的公式中（Chen et al.，2015），$\dfrac{1}{\Delta t}\left(\dfrac{\Delta x_2}{\Delta t} - \dfrac{\Delta x_1}{\Delta t}\right)$ 和 $\dfrac{1}{\Delta t}\left(\dfrac{\Delta y_2}{\Delta t} - \dfrac{\Delta y_1}{\Delta t}\right)$ 被认为是加速度的水平与竖直分量，分别用 a_u 和 a_v 来表示，则式（3.5）可化简为：

$$I_{tt} + I_{xt}(u_1 + u_2) + I_{yt}(v_1 + v_2) + I_{xy}(u_1v_1 + u_2v_2) +$$

$$\frac{1}{2}I_{xx}(u_1^2 + u_2^2) + \frac{1}{2}I_{yy}(v_1^2 + v_2^2) + I_xa_u + I_ya_v = 0 \tag{3.6}$$

他们假设速度恒定，即 $u_1 = u_2$，$v_1 = v_2$，则：

$$I_{tt} + 2I_{xt}u + 2I_{yt}v + 2I_{xy}uv + I_{xx}u^2 + I_{yy}v^2 + I_x a_u + I_y a_v = 0 \tag{3.7}$$

最终获得如下约束等式：

$$\begin{cases} I_x a_u + I_y a_v + I_v = 0, \\ I_v = I_{tt} + 2I_{xt}u + 2I_{yt}v + 2I_{xy}uv + I_{xx}u^2 + I_{yy}v^2 \end{cases} \tag{3.8}$$

在计算加速度场中，Chen 等做出了和 Lucas-Kanade 相同的假设。他们假设光流场中，加速度也同样在一块小的区域内具有光滑性。根据该假设，他们可以将约束方程变为一个超定方程，最终的解由最小二乘法得出。然而式（3.5）中的 $\frac{1}{\Delta t}\left(\frac{\Delta x_2}{\Delta t} - \frac{\Delta x_1}{\Delta t}\right)$ 和 $\frac{1}{\Delta t}\left(\frac{\Delta y_2}{\Delta t} - \frac{\Delta y_1}{\Delta t}\right)$ 可能表示加速度的导数，即急动度而不是加速度。

随后，Dong 等在 2016 年尝试将加速度输入深度学习网络作为运动特征来检测视频中的暴力行为（Dong et al.，2016）。在研究中，他们通过泰勒展开式展开 $t + \Delta t$ 时刻速度场中的水平分量 U 和竖直分量 V：

$$\begin{aligned} U(t + \Delta t)_{x+\Delta x, y+\Delta y} = U(t)_{x,y} + U_x \Delta x + U_y \Delta y + U_t \Delta t \\ V(t + \Delta t)_{x+\Delta x, y+\Delta y} = V(t)_{x,y} + V_x \Delta x + V_y \Delta y + V_t \Delta t \end{aligned} \tag{3.9}$$

忽略上式中的高阶项，则速度的变化可以表示为：

$$\begin{aligned} \frac{\mathrm{d}U}{\mathrm{d}t} = U_x \frac{\mathrm{d}x}{\mathrm{d}t} + U_y \frac{\mathrm{d}y}{\mathrm{d}t} \\ \frac{\mathrm{d}V}{\mathrm{d}t} = V_x \frac{\mathrm{d}x}{\mathrm{d}t} + V_y \frac{\mathrm{d}y}{\mathrm{d}t} \end{aligned} \tag{3.10}$$

他们假设 $\left(\dfrac{\mathrm{d}x}{\mathrm{d}t}, \dfrac{\mathrm{d}y}{\mathrm{d}t}\right)$ 对应于 (u, v)，因此加速度可通过下式获得：

$$a = (\omega\Delta u, \omega\Delta v) \tag{3.11}$$

加速度流是通过对相邻帧进行二阶微分来获得的，它是在光流上计算流动的。然而，这个方法的主要缺点是，由于光流场具有平滑性，即相邻像素倾向于具有相似的速度，因此难以计算空间偏导数，从而导致轮廓效应。

光流场算法的准确性在过去几年里稳步提高。自 Horn 和 Schunck 的开创性工作以来，后续出现的改进算法基本的构思变化不大（Sun et al.，2010）。Sun 等分别在 2017 年、2018 年基于 Horn 和 Schunck 的工作构建了变分加速度算法（Sun et al.，2017，2018）。

因此 Sun 等将 Horn-Schunck 算法中相邻帧亮度恒定的假设扩展到三帧，用以计算加速度场。如果用 $I(x, y, t)$ 表示像素点 (x, y) 在时刻 t 的亮度，并且假设该点的亮度在 $t-\Delta t, t, t+\Delta t$ 这三个时刻均保持不变，那么：

$$\begin{cases} I(t - \Delta t)_{x-\Delta x_1, y-\Delta y_1} = I(t)_{x,y}, \\ I(t)_{x,y} = I(t + \Delta t)_{x+\Delta x_2, y+\Delta y_2} \end{cases} \tag{3.12}$$

将上式通过泰勒展开式展开：

$$\begin{cases} I(t)_{x,y} - I_x\Delta x_1 - I_y\Delta y_1 - I_t\Delta t + \xi = I(t)_{x,y}, \\ I(t)_{x,y} = I(t)_{x,y} + I_x\Delta x_2 + I_y\Delta y_2 + I_t\Delta t + \xi \end{cases} \tag{3.13}$$

忽略高阶项就会得到：

$$-I_x \Delta x_1 - I_y \Delta y_1 - I_t \Delta t = I_x \Delta x_2 + I_y \Delta y_2 + I_t \Delta t \quad (3.14)$$

上式两边同除以 Δt，得：

$$-I_x \frac{\Delta x_1}{\Delta t} - I_y \frac{\Delta y_1}{\Delta t} - I_t = I_x \frac{\Delta x_2}{\Delta t} + I_y \frac{\Delta y_2}{\Delta t} + I_t \quad (3.15)$$

我们现在得到了如下梯度约束：

$$\nabla I \cdot v_{t-\Delta t} - I_t = \nabla I \cdot v_{t+\Delta t} + I_t \quad (3.16)$$

其中，$\nabla = \left(\frac{\partial}{\partial x}, \frac{\partial}{\partial y} \right)$，并且 ve 由水平和竖直的分量 $(u, v)^T$ 组成。

如果加速度在每帧之间剧烈变化，那么这种情况下很难通过图像计算高速变化的加速度。大多数情况下，运动是较为平稳的，因此在短时间内加速度可以视为不变。因此，Sun 等假设在连续的三帧之间，加速度不会发生变化，那么根据牛顿定律：

$$v_t = v_0 + a\Delta t \quad (3.17)$$

式 (3.16) 中的 $v_{t-\Delta t}$ 和 $v_{t+\Delta t}$ 可表示为：

$$\begin{cases} v_{t-\Delta t} = v_t - a\Delta t, \\ v_{t+\Delta t} = v_t + a\Delta t \end{cases} \quad (3.18)$$

其中，v_t 表示在 t 时刻的速度向量，并且加速度向量 a 由水平和竖直分量 $(a_u, a_v)^T$ 组成，因此我们可以得到：

$$\nabla I(v_t - a\Delta t) - I_t = \nabla I(v_t + a\Delta t) + I_t \qquad (3.19)$$

$$\nabla I \cdot a\Delta t + I_t = 0 \qquad (3.20)$$

上式两边同除以 Δt，得：

$$\nabla I \cdot a + \frac{I_t}{\Delta t} = 0 \qquad (3.21)$$

如果 $\Delta t \to 0$，那么加速度中的光流恒定约束为：

$$\nabla I \cdot a + I_{tt} = 0 \qquad (3.22)$$

其中，I_{tt} 为时间维度上的二阶图像亮度。现在加速度算法中有了 2 个未知数 a_u，a_v，但只有一个约束方程，该算法仍然是一个欠定方程，因此，我们还需要另外一个约束来解决这个问题。

加速度具有与速度类似的平滑性，即相邻像素具有相同的加速度，这个相关性揭示了图像序列中速度和加速度分析之间的自然联系。平滑性约束可以通过最小化水平和垂直方向上加速度流的拉普拉斯方程的平方误差来表示：

$$\varepsilon_s^2 = \iint (\nabla^2 a_u + \nabla^2 a_v)\mathrm{d}x\mathrm{d}y$$

$$= \iint \left(\frac{\partial^2 a_u}{\partial x^2} + \frac{\partial^2 a_u}{\partial y^2} + \frac{\partial^2 a_v}{\partial x^2} + \frac{\partial^2 a_v}{\partial y^2} \right)\mathrm{d}x\mathrm{d}y \qquad (3.23)$$

结合亮度误差和平滑性误差，我们可以得到：

$$\varepsilon^2 = \iint (\varepsilon_d^2 + \lambda^2 \varepsilon_s^2)\mathrm{d}x\mathrm{d}y \qquad (3.24)$$

其中，λ 为干扰亮度的噪声系数。数据项的误差 ε_d 可通过下式表示：

$$\varepsilon_d = \iint (\nabla I \cdot a + I_{tt}) \mathrm{d}x\mathrm{d}y \qquad (3.25)$$

至此原本欠定的方程变成适定的。

3.2.2 微分的近似计算

在估算图像序列中的加速度时，需要在连续三帧之间计算导数。计算方式需要确保导数是一致的，以便计算时在同一时刻图像中的像素点指的是相同的点。计算机视觉中有许多估算导数的方法，本书使用了与 Horn-Schunck（Horn et al.，1981）相同的空间卷积核。空间与时间的关系如图 3.1 所示。

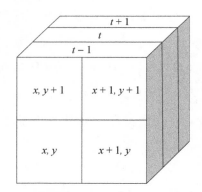

图 3.1 估计像素点（x，y，t）的偏导数

我们使用以下的核函数（图 3.2）来计算一阶水平与垂直方向的导数：

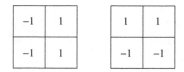

图 3.2 空间求导的核函数

由于计算加速度需要考虑三帧，因此空间导数可用下式表示：

$$I_x \approx \frac{1}{6} \sum_y \sum_t (I_{x+1,y,t} - I_{x,y,t})$$

$$I_y \approx \frac{1}{6} \sum_x \sum_t (I_{x,y+1,t} - I_{x,y,t})$$

(3.26)

光流恒定约束［式（3.22）］包含了时间域的二阶导数，因此在这里使用拉普拉斯算子来计算二阶导数，其计算模板（图3.3）为：

图 3.3　时间域的二阶导数计算模板

$$I_{tt} \approx \frac{1}{8} \sum_x \sum_y (I_{x,y,t+1} - 2I_{x,y,t} + I_{x,y,t-1})$$

(3.27)

其中，$x \in \{m, m+1\}$，$y \in \{n, n+1\}$，$t \in \{k-1, k, k+1\}$。

加速度的计算同样可以通过类似 Horn-Schunck 的方法来表示运动的平滑性约束，最终加速度流可用下式来计算：

$$(I_x^2 + I_y^2)(a_u - \overline{a}_u) = -I_x(I_x \overline{a}_u + I_y \overline{a}_v + I_{tt})$$

$$(I_x^2 + I_y^2)(a_v - \overline{a}_v) = -I_y(I_x \overline{a}_u + I_y \overline{a}_v + I_{tt})$$

(3.28)

现在我们已经有了计算加速度的理论基础，接下来将通过实验评估这些加速度算法的性能，以检验是否确实可以从图像的亮度中检测出准确的加速度。

3.2.3　在图像序列上分析加速度算法

图 3.4 中使用的合成图像为线性运动，该图展示了 Dong 等

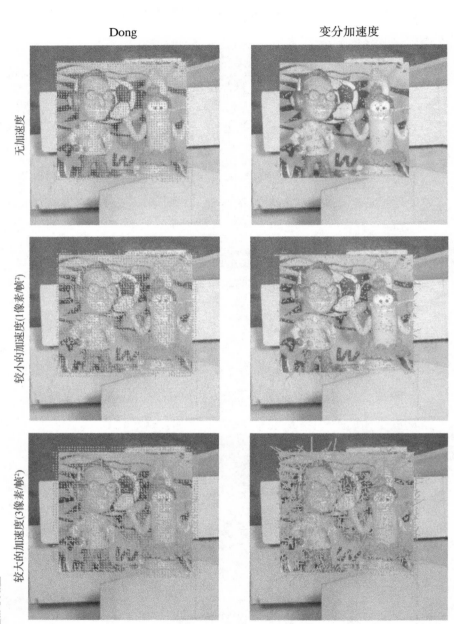

图 3.4 使用不同加速度算法检测合成图像中的加速度场

（2016）和 Sun 等（2016）的加速度算法检测结果。这些算法分别在无加速度、加速度较小和加速度较大的情况下进行了测试。测试使用的合成图像是由 Middlebury 数据集（Baker et al.，2011）中的两个不同测试序列合成的。图 3.4 将 Sun 等提出的变分加速度算法检测到的结果与 Dong 等提出的算法（用 Dong 表示）检测到的结果进行了比较。Dong 的算法是通过在光流场上计算光流来获得二阶运动场，即加速度。为了公平比较，Dong 的一阶运动场使用了 Horn-Schunck 算法进行计算，这是因为变分加速度算法也是基于 Horn-Schunck 算法实现的。

在第一行中，Dong 的算法在移动的区域检测到均匀分布的加速度场，然而第一行的合成图像序列并不包含任何加速度运动。第二行中当 Mequon 图像小块以较小的加速度移动时，Dong 检测到的加速度场变得更加密集，而当第三行中加速度变大时，Dong 的检测结果却几乎没有改变。

在变分加速度算法的结果中，当 Mequon 的图像小块以不同的加速度移动时，计算结果与合成的运动特性更为一致。首先，在第一行中变分加速度算法几乎没有检测到加速度流，只有一些随机干扰噪声；其次，随着加速度的增加，变分加速度算法检测到更多加速度，但同时也存在更多噪声。

3.3 加速度流的其他计算方式

3.3.1 更实用的加速度算法

由于真实图像中的运动通常非常剧烈，并且很有可能是非刚性运动，因此基于亮度恒定假设的加速度算法结果并不令人满意。研究人员希望寻找更可行的方式以期从图像序列中估计加速度。当前光流仍然是计算机视觉中一个较为活跃的研究领域，每年新的算法不断涌现，这些新的光流计算算法相比于开创性的第一个变分法 Horn-Schunck 来说，对于实际光流的估算结果已经有了显著改善。因此，Sun 等认为，与其从基本理论着手，不如使用最先进的算法近似计算加速度流（Sun et al.，2017）。那么根据方程（3.1），加速度场可以通过邻近速度场的微分来近似：

$$\hat{A}(t) = \hat{V}(t \sim (t + \Delta t)) - \hat{V}((t - \Delta t) \sim t) \quad (3.29)$$

其中，$\hat{V}(t \sim (t + \Delta t))$ 表示从第 t 帧到第 $(t + \Delta t)$ 帧的光流场，$\hat{V}((t - \Delta t), t)$ 表示从第 $(t - \Delta t)$ 帧到第 t 帧的光流场。在实际应用中，由于帧率固定，最终的光流场可以视为速度场，单位是像素/帧。

在计算加速度场时，为了避免起始像素点时间维度上的不一致引起的误差，Sun 等提出了一种新方法，如图 3.5 所示，他们将这种方法称为差分加速度算法（Differential Acceleration Algorithm）（Sun et al.，2017）。利用差分加速度算法估算的加速度场近似表示为：

$$\hat{A}(t) = \hat{V}(t \sim (t + \Delta t)) - [-\hat{V}(t \sim (t - \Delta t))] \quad (3.30)$$

下面我们将在图像上应用这种更为实用的加速度算法，以检测这种算法是否能够取得比变分加速度算法更好的结果。在差分加速度的实验中，我们使用了 DeepFlow（Weinzaepfel et al.，2013）作为差分加速度算法的基础方法，该方法是近年来十分受欢迎的一种方法，它在估计大位移和非刚性匹配方面都有着不错的性能表现。

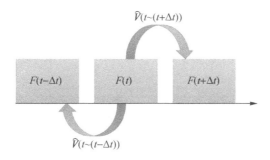

图 3.5　以中间帧为起始帧计算加速度场

3.3.2　在合成图像上评估差分加速度算法性能

在著名的光流测试序列 Yosemite 上对 Dong（Dong et al.，2016）、变分加速度和差分加速度的性能进行了评估。由于原始的图像序列中几乎不存在加速度，因此我们在这个图像序列中通过跳过一个帧来人工引入一定的加速度，以此测试算法是否能真正精确测试到加速度，检测结果如图 3.6 所示。

由于当前大多数光流数据库（Baker et al.，2011；Geiger et al.，2013）主要用于测量相邻帧之间的位移，因此大部分测试图像序列只包含两帧，从而 GT 只为一个单一的速度场。在这个关于讨论加速度场的研究中，获得准确 GT 是一个难点。为了评估加速度算法的表现，我们在实验中通过 MDP-Flow2（Xu et al.，2012）计算了伪 GT，这是因为该方法在光流算法中精确率排名靠前，并且其代码是公开可用的。

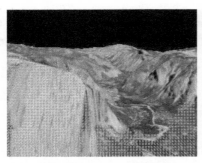

(a) 通过 MDP-Flow2 估计的伪 GT
（Xu et al.，2012）

(b) Dong
（Dong et al.，2016）

(c) 变分加速度算法

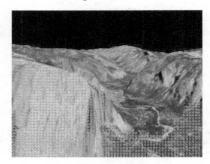

(d) 差分加速度算法

扫码看彩图

图 3.6　在 Yosemite 上的检测结果对比

如图 3.6（a）所示，伪 GT 中加速度流主要集中在 Yosemite
图像的下半部分。在图 3.6（b）中，Dong 的检测结果显示加速
度流遍布整个山脉，显然与实际的加速度有较大的差别。这是因
为其所用方法的原理是计算光流场的光流：光流场具有平滑性，
即相邻像素具有相似的速度，因此在场景中移动的物体失去了对
大多数光流算法来说很重要的纹理信息，从而使得计算的加速度
场产生较大误差。

图 3.6（c）中，利用变分加速度算法估算的结果比 Dong 的
检测结果稍好，大部分加速度集中在图像的左下角，与伪 GT
一致。然而，检测结果仍然存在许多噪声。这是因为实验中的

测试序列存在遮挡，并且运动幅度较大，这些运动违反了亮度恒定和运动平滑性约束的假设。变分加速度算法受限于以上两个假设，这意味着它能够处理的运动幅度必须较小，并且需要相对平滑。

利用差分加速度算法在图像的右下角检测到均匀分布的加速度流。与 Dong 和变分加速度的检测结果相比，差分加速度检测结果显示出相当大的改进。图 3.6（d）中的加速度场几乎没有噪声，与伪 GT 的结果更为一致。

除了 Yosemite，表 3.1 和表 3.2 展示了在 Middlebury 数据集（Baker et al.，2011）中的一些测试序列上，Dong、变分加速度和差分加速度在估算加速度方面的统计结果，以便进行更客观的评估。统计结果与伪 GT 进行了比较。由于 Middlebury 只提供了连续帧之间的一个光流 GT，以防止新的算法拟合测试图像，因此伪 GT 是通过 MDP-Flow2（Xu et al.，2012）来估算的。在 Middlebury 的测试序列中，由于伪 GT 中的运动幅度相对较大，因此选择了平均终点误差（AEPE）来表示误差。表 3.3 和表 3.4 展示了 MDP-Flow2、DeepFlow 和 Horn-Schunck 在 Middlebury 评估网站上的表现排名、AEPE 和标准差，以供参考。

表 3.1　不同测试方法在 Middlebury 上的 AEPE

方法	Backyard	Dumptruck	Mequon	Schefflera	Walking	Yosemite	平均值
Dong	3.21	2.58	3.54	3.35	3.13	3.39	3.2
变分加速度	2.48	1	3.38	2.89	1.87	2.1	2.29
差分加速度	0.35	0.3	0.29	0.37	0.51	0.25	0.35

表 3.2　加速度算法的 AEPE 的方差

方法	Backyard	Dumptruck	Mequon	Schefflera	Walking	Yosemite	平均值
Dong	2.94	2.43	3.01	2.67	2.45	3.26	2.79
变分加速度	3.74	2.79	4.18	3.49	2.52	2.62	3.22
差分加速度	0.94	1.29	0.78	0.98	0.99	0.32	0.88

表 3.3　光流算法在评估数据集 Middlebury 中的
排名和不同测试序列上的误差[①]

方法	表现平均排名	AEPE		
		Mequon	Schefflera	Yosemite
MDP-Flow2	11.8	0.15	0.20	0.11
DeepFlow	69.9	0.28	0.44	0.11
Horn-Schunck	113.3	0.61	1.01	0.16

表 3.4　光流算法在评估数据集 Middlebury 中
不同测试序列上的标准差

方法	Mequon	Schefflera	Yosemite
MDP-Flow2	0.40	0.55	0.12
DeepFlow	0.78	1.23	0.12
Horn-Schunck	0.98	1.88	0.16

　　光流评估使用平均终点误差和标准差来展示结果。虽然每个区域的误差可能不同（例如，某些算法在不连续区域表现良好，而某些算法在纹理区域表现良好），但这样的不同区域很难区分

---

① 结果参考 Middlebury 计算机视觉评估和数据集网站中的 "Optical Flow" 的测试结果。

并呈现出结果。基准评估数据集 Middlebury 提供了"全部""不连续"和"纹理"等具有不同特征区域的单独结果。然而，由于边缘和纹理区域的标签并未公开，因此很难在加速度实验中展现这些结果。

Middlebury 数据集的结果示例如图 3.7 所示。这些测试序列中的运动相对密集，箭头可能无法较好地展示结果，因此使用 Baker 等（2011）创建的颜色编码来呈现结果。实验结果表明，变分加速度中的亮度恒定和平滑运动的假设对实际应用场景中复杂的运动来说都过于严格。因此在本书的其余部分，将使用差分加速度来检测和表示加速度流。

（a）Backyard（Baker et al.，2011）

（a-1）伪真实值

（a-2）变分加速度

（a-3）差分加速度

(b) Mequon（Baker et al.，2011）

(b-1) 伪真实值

(b-2) 变分加速度

(b-3) 差分加速度

(c) Walking（Baker et al.，2011）

(c-1) 伪真实值

(c-2) 变分加速度

(c-3) 差分加速度

图3.7 在真实图像上检测加速度的例子

扫码看彩图

3.4 切向加速度和径向加速度

3.4.1 分解合成加速度

曲线运动的加速度由两个分量组成：切向加速度和径向加速度。切向加速度改变速度的大小，并且方向位于轨迹的切线上，增加或减小速度；径向加速度，在圆周运动中也称为向心加速度，改变速度的方向，指向曲线路径的中心，即垂直于轨迹的切线。因此，从合成加速度中分解出径向加速度和切向加速度将能够更深入地理解图像序列中的运动特征，同时也能够消除一定的运动歧义。

实际的运动中包含着线性运动或圆周运动，因此如果时间间隔足够小，那么图像中包含的运动要么是线性运动，要么是圆周运动。Sun 等（2017）假设曲线轨迹上的移动点在任意三个连续帧中都沿着同一弧线旋转，这是因为三个点可以确定唯一一个圆形轨迹。旋转中心可以通过像素在连续三帧的位置来计算。用直线依次连接这三个点，并分别在两个线段上作垂直平分线，圆形轨迹的中心则位于两个垂直平分线的交点处，如图3.8所示。

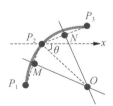

图3.8　向心加速度的中心位置

三帧中同一点的坐标表示为：P_i（x_i，y_i），$i \in \{1, 2,$

3}，MO，NO 分别表示的是 P_1P_2 和 P_2P_3 的中垂线，O（x_o，y_o）则表示曲线运动的中心：

$$\overrightarrow{MO} \cdot \overrightarrow{P_1P_2} = \overrightarrow{NO} \cdot \overrightarrow{P_2P_3} \tag{3.31}$$

那么中心 O 的坐标可以通过下式获得：

$$\boldsymbol{O}^{\mathrm{T}} = 0.5 \cdot \boldsymbol{\Phi}^{-1} \boldsymbol{\Psi} \tag{3.32}$$

其中，

$$\boldsymbol{\Phi} = \begin{bmatrix} x_2 - x_1 & y_2 - y_1 \\ x_3 - x_2 & y_3 - y_2 \end{bmatrix} \quad \boldsymbol{\Psi} = \begin{bmatrix} x_2^2 - x_1^2 + y_2^2 - y_1^2 \\ x_3^2 - x_2^2 + y_3^2 - y_2^2 \end{bmatrix}$$

$$\tag{3.33}$$

a =（$x_2 + a_u$，$y_2 + a_v$）表示的是图像平面中加速度向量的坐标。切向加速度 tang（u，v）和径向加速度 rad（u，v）的坐标可通过下面的公式计算：

$$\begin{aligned} \mathrm{tang}^{\mathrm{T}} &= \left[\boldsymbol{f}(-\theta), \boldsymbol{g}(-\theta)\right]^{\mathrm{T}} \left[\boldsymbol{p}_2 \cdot \boldsymbol{f}(\theta), \boldsymbol{a} \cdot \boldsymbol{g}(\theta)\right]^{\mathrm{T}} \\ \mathrm{rad}^{\mathrm{T}} &= \left[\boldsymbol{f}(-\theta), \boldsymbol{g}(-\theta)\right]^{\mathrm{T}} \left[\boldsymbol{a} \cdot \boldsymbol{f}(\theta), \boldsymbol{p}_2 \cdot \boldsymbol{g}(\theta)\right]^{\mathrm{T}} \end{aligned} \tag{3.34}$$

其中，θ 为 OP_2 和水平轴的夹角，$\boldsymbol{f}(\theta)$ =（$\cos\theta$，$\sin\theta$），$\boldsymbol{g}(\theta)$ =（$-\sin\theta$，$\cos\theta$）。

3.4.2　图像序列中的切向加速度与径向加速度

我们首先在合成图像上测试径向加速度和切向加速度算法，然后在真实图像上展示其在实际应用中的能力。进行合成的两张图片均来自 Middlebury 数据集，我们将一张图片映射在另一张上，移动以合成测试图片。它们被分为 4 组：具有恒定速度的线性位移、具有加速度的线性位移、具有恒定角速度的旋转和具有角加速度的旋转。我们使用分解算法分别检测每组的速度、合成加速度、径向加速度和切向加速度，结果如图 3.9 所示。

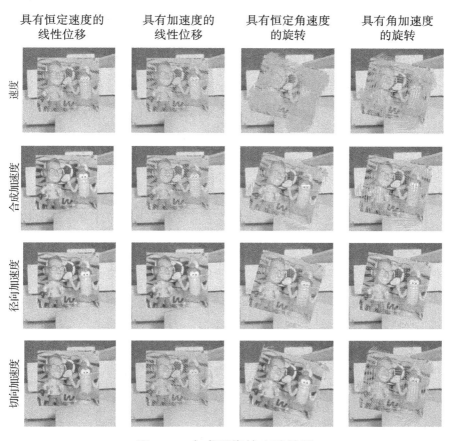

图 3.9　合成图像的实验结果

扫码看彩图

　　在线性位移的结果中，由于轨迹的方向不改变，因此检测结果几乎没有显示出径向加速度，而切向加速度只有在物体加速时才会被检测出。合成加速度与切向加速度具有相似的特征，这是因为当前情况下，加速度仅包含切向加速度。对比之下，速度在只要有位移发生时都会出现，因此缺乏区分。

在旋转的例子中，无论是以恒定角速度旋转还是以角加速度旋转，都会出现径向加速度，这是因为运动的方向一直在变化。径向加速度的大小随着物体旋转角度的增加而增加。所有的径向加速度流都指向 Mequon 子图的中心，这是因为该子图是围绕着其中心旋转的。切向加速度的方向沿着旋转轨迹的切线，显示出与预期一致的结果。同样，速度场对不同的运动并未显示出明显的区别。图 3.9 中，移动物体的边缘周围出现了一些噪声，这主要是该区域的运动不连续所引起的。利用加速度分解算法可以准确地估计人工合成的运动，并展示速度场并不具备的运动特征检测能力。

在真实图像中，加速度可以帮助我们区分具有不同运动特征的物体。图 3.10 和图 3.11 展示了两个真实图像序列（Baker et al.，2011）的不同运动场，这些图像序列是由高速相机拍摄的真实世界中真实发生的运动。在第一行中，速度场包含所有类型的运动，因此看起来相对比较混乱；相比之下，径向和切向加速度场中的运动更容易理解。

在第一个序列 Basketball 中，左边的人正在将球传给另一个人。在投掷开始时，篮球具有加速度，并且尚未开始旋转，因此在第 9 帧中，主要是切向加速度，右边人的手同时也显示出少量的切向加速度流，因为他还没有举起手来接球。在第 11 帧中，径向加速度显示出篮球在运动过程中旋转，墙上的影子也显示出类似的特征。右边的人手上显示的切向加速度表明他举起手准备接

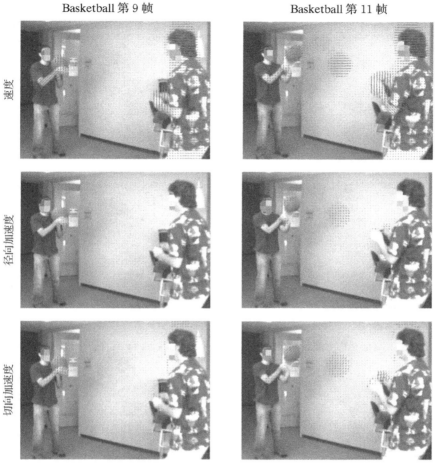

图 3.10　Middlebury 数据集中测试序列 Basketball 的不同运动场

扫码看彩图

球，加速度场显然可以区分已知的运动场特征。在第二个序列
Backyard 中，孩子们正在向上起跳，加速度场显示出他们在跳跃
开始时具有最多的切向加速度，此时速度快速增加，而在起跳结
束时切向加速度很少。

Backyard 第 8 帧 　　　　　　　　 Backyard 第 12 帧

速度

径向加速度

切向加速度

图 3.11　Middlebury 数据集中测试序列 Backyard 的不同运动场

　　在图 3.10 中，旋转的篮球及其在墙上的影子出现了大量的径向加速度。图 3.12 中，篮球影子的径向加速度旋转中心，即右边的人身上的蓝色十字，与径向加速度指向的方向一致，蓝色十字展示了抛掷篮球运动的弧形轨迹中心。该中心是通过加速度分解算法以及邻近算法（Proximity Algorithm）（Bouchrika

et al.，2007b）积累计算获得的，其中邻近算法中的半径参数为
10 像素。这个结果展示了径向加速度和切向加速度分解算法的
能力，以及径向加速度和切向加速度对于预测物体（篮球）运
动轨迹的意义。

图 3.12　Basketball 序列中累计计算获得的径向加速度旋转中心

扫码看彩图

此外，图 3.13 还展示了另一个示例，用于分析步态（Shutler
et al.，2004）。如图中所示，加速度主要存在于行走目标人物的
四肢上，并且在一条腿向前摆动、另一条腿直立支撑时达到最大
值。这是由于人在行走时，四肢具有类似于钟摆的运动特征
（Cunado et al.，2003），图 3.14 显示的放大图，也证实了 Cunado
等提出的观点。相比之下，速度流分布在整个身体上，没有明显
差异，检测结果与之前的分析一致。

图 3.15 提供了另一个效果显著的例子。图中的银色汽车和后
方的红色卡车大致以恒定速度移动等待红绿灯。相比之下，加速
度的检测结果显示其他两辆已经通过了十字路口的车都在加速前
进。这个例子表明，加速度可以区分正在加速的物体和匀速移动
的物体。

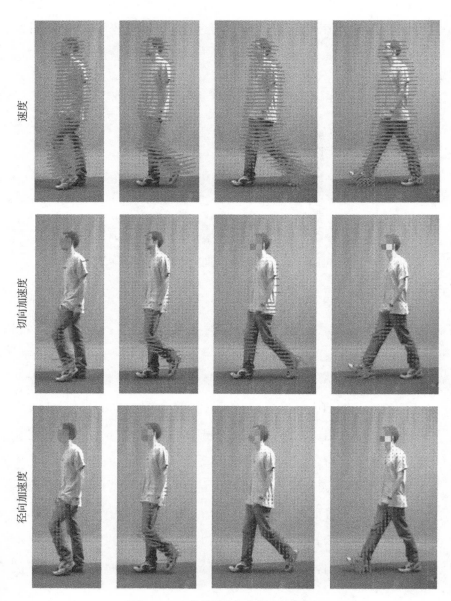

速度

切向加速度

径向加速度

图 3.13　半周期步态的加速度场

图 3.14　放大步态的向心加速度场

（a）光流场　　　　　　　　　　（b）加速度场

图 3.15　图像序列 Dumptruck 的运动场

3.5　结论

加速度算法可以在 Horn-Schunck 算法的理论基础上推导出来，然而大多数真实运动难以满足该理论中的亮度恒定和全局平滑性假设。另一种近似计算加速度的方法——差分加速度，相对来说更准确，适用于大多数实际情况。加速度还可以分解为径向加速度和切向加速度，这能够帮助我们进一步理解图像序列中的运动。尽管实验结果显示出了不错的效果，但由于计算需要三帧，因此加速度可能对噪声更为敏感。

4

急动度以及图像序列中更高阶的运动场

4.1　概述

众所周知，速度衡量的是单位时间内位置的变化，加速度是速度的变化，而衡量加速度变化的物理量是急动度（Jerk）（Schot，1978；Eager et al.，2016），其通常用于分析混沌动力系统（Eichhorn et al.，1998）。第 3 章介绍了从复杂运动中分离出加速度的算法，更高阶的运动形式同样值得探究。合成图像的实验结果表明，更高阶的光流场提供了与加速度不同的分析视角，急动度和痉挛度（Snap）给出了更多分析计算机视觉中复杂运动场的可能性。

4.2　动力学中的急动度、痉挛度

在牛顿第二定律中，加速度与作用在物体上的力相关：

$$F = ma \tag{4.1}$$

因此，假设质量不变，急动度描述了加速度的变化，而痉挛度描述了急动度的变化。在微积分中，痉挛度是加速度的二阶导

数，也是位置的四阶导数（Eager et al.，2016）。下式描述了位置 r 在时间域上的演化：

$$s(t) = \frac{\mathrm{d}j(t)}{\mathrm{d}t} = \frac{\mathrm{d}^2a(t)}{\mathrm{d}t^2} = \frac{\mathrm{d}^3v(t)}{\mathrm{d}t^3} = \frac{\mathrm{d}^4r(t)}{\mathrm{d}t^4} \qquad (4.2)$$

其中，s 表示痉挛度，j 表示急动度，a、v、r、t 分别表示加速度、速度、位置和时间。有限痉挛度下的 n 阶流的变化以及它们的关系如图 4.1 所示。

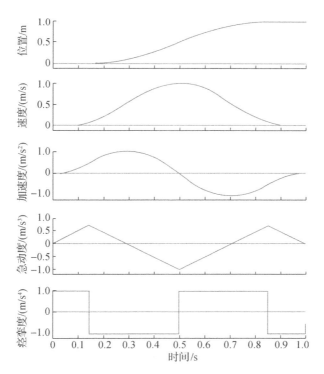

图 4.1　直线线性运动中不同运动物理量的关系（Thompson，2011）

由于人类对力的变化的容忍度有限，为了避免在交通工具移动（例如电梯和地铁）过程中失去对其的控制，需要对运动剧烈程度进行限制，因此急动度和痉挛度在工业中的传统工程应用主要是运动控制。对于大多数人来说，在直线移动中 2.0 m/s³ 是相对来说比较容易接受的速度。目前，加速度和急动度已被广泛用于智能驾驶行为评估中：在自动驾驶系统中预测潜在风险并确保乘客的舒适度（Murphey et al.，2009；Kalsoom et al.，2013；Meiring et al.，2015）。此外，Bagdadi 和 Várhelyi 发现，加速度计测得的车辆刹车时的急动度与事故存在很高的相关性，如果将评估系统中的测量指标换为急动度，那么评估系统的准确率是使用加速度的 1.6 倍（Bagdadi et al.，2013）。

在道路和轨道设计中，需要在曲线部分避免无限制的径向急动度，理论上的最佳策略是线性增加径向加速度。另一个加速度和急动度的应用是数控机床的操作路径评估（Bringmann et al.，2009）。急动度大小的平方在时间上的积分被称为"急动度成本"，其被用于定量分析人体手臂的不同运动（Nagasaki，1989）。Caligiuri 等（2006）使用急动度监测药物引起的副作用如何影响患者的书写。此外，一种使用雷达检测机动目标的算法也考虑了对急动度的分析（Kong et al.，2015；Zhang et al.，2017）。

4.3　急动度、痉挛度场的估计算法

Sun 等基于他们的差分加速度算法提出了急动度和痉挛度算法，急动度是通过对比相邻的加速度场进行计算的（Sun et al.，2021）：

$$\hat{\boldsymbol{J}}(t) = \hat{\boldsymbol{A}}(t, t + \Delta t) - \hat{\boldsymbol{A}}(t - \Delta t, t) \tag{4.3}$$

其中，（t，$t + \Delta t$）代表从第 t 帧到第 $t + \Delta t$ 帧的流场。急动度场也被分解为切向和径向两个分量，它们的计算方式与方程（4.3）相同。在本书中，切向急动度和径向急动度分量的定义表明它们测量了加速度的切向和径向分量的线性变化。

在差分加速度算法中，因为计算涉及同一个点在连续三帧中的位置，所以很容易将位移参照变换到中间帧以避免不一致的起始位置。而计算痉挛度同样涉及奇数个位置（五个），类似于加速度，可以将中间帧的位置作为起始点。因此，痉挛度场的计算方式与3.3节中的差分加速度类似：

$$\hat{S}(t) = \hat{J}(t, t + \Delta t) - \left[-\hat{J}(t, t - \Delta t) \right] \tag{4.4}$$

现在我们有了计算加速度和急动度变化的算法，下一节它们将会被应用在合成和真实的图像上，以证实它们是否真的能够揭示不同的运动特征。

4.4　在合成与真实图像上应用高阶运动场算法

在第3.3.2节中我们已经提到过合成图像的优势，本节我们将合成一组图像来模拟牛顿撞球的运动，并取名为"牛顿摆"。牛顿摆是由一组摆动的球组成的装置，最初用于演示动量和能量守恒定理。牛顿摆清晰地展示了不同阶段球的状态变化，并且该装置整体的运动相当清晰，从而可以展示各种运动量之间的不同。

在摆的图像序列中，将球摆至的最高点视为静止点，即 $t = 0$。摆动到最低点视为正方向，摆动到静止位置（即最高点）视为负方向。通过以下公式可以计算吊绳角度倾斜的变化：

$$\Delta\theta = 2 \times t \tag{4.5}$$

其中 $t \in \{-5, -4, \cdots, 4, 5\}$，$\Delta\theta$ 是每帧之间吊绳角度的增长量。图4.2给出了 $t = -5, 0, 2$ 的示例。

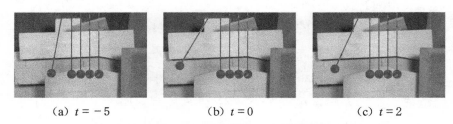

(a) $t = -5$　　　　　(b) $t = 0$　　　　　(c) $t = 2$

图4.2　"牛顿摆"的示例图像

当 $t = -1, 0, 1$ 时，n 阶运动场的结果如图4.3所示。撞球的运动过程为，当 $t = -1$ 时球摆动到最高位置并停滞一帧，此时 $t = 0$，然后下落摆动到 $t = 1$ 的位置。加速度在这三帧中都显示出了相似的运动场：球以相似的幅度向右下加速。急动度和痉挛度则提供了不同的运动特征。当 $t = -1$ 时，急动度、痉挛度与加速度的方向相同，而痉挛度的幅度较大，这意味着加速度方向相同并且同时在增大。$t = 0$ 时，与 $t = -1$ 帧相比，急动度和痉挛度显著减小。当 $t = 1$ 时，急动度和痉挛度的方向相反，这证明了加速度实际上在这个过程中是减小的。

除了合成图像之外，急动度和痉挛度也可以体现真实运动的不同特征。为了减小低帧率引起的运动误差，实验选择了 Middlebury 数据集中由高速摄像机拍摄的测试图像序列作为测试数据。

图4.4和图4.5的实验结果显示随着阶数的增加，运动场确实呈现出了不同的特征。由于算法中的约束性较强（在五帧中沿着相同弧线移动），痉挛度的分量部分太嘈杂，因此这里只显示了痉挛度的综合结果。

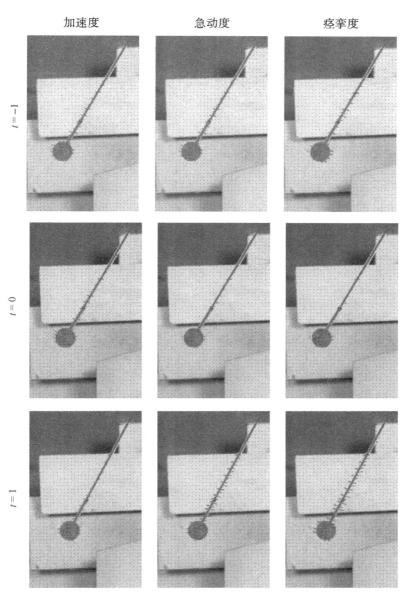

图 4.3　"牛顿摆"的不同运动场

扫码看彩图

Beanbags 第 9 帧　　　　　　　　Beanbags 第 11 帧

速度

切向加速度

径向加速度

切向急动度

Beanbags 第 9 帧   Beanbags 第 11 帧

径向急动度

痉挛度

图 4.4 Beanbags 的不同运动场

扫码看彩图

DogDance 第 9 帧   DogDance 第 11 帧

速度

切向加速度

图 4.5　DogDance 的不同运动场

在 Beanbags 图像序列中，第 9 帧左臂的切向急动度的幅度大于切向加速度，而径向急动度几乎没有变化，这意味着加速度的主要变化在幅度上而不是方向上。右手同样显示出类似的变化。在第 11 帧中，运动主要集中在右手和空中的球上；较大的径向急动度表示右手的加速度方向正在变化。

在图 4.5 所示 DogDance 的结果中，除了径向急动度和径向加速度中狗的腿部运动，不同阶数之间的运动场大致相同。

在运动学中，获取加速度需要路径上的三个点，获取急动度需要四个点，获取痉挛度则需要五个点。由于图像是离散信号，随着运动阶数的增加，计算涉及的帧数也越来越多。如果帧之间的差异相对较大，那么有可能会给结果带来较多的噪声。因此，运动场的计算准确性在很大程度上取决于帧速率和运动强度。如果帧间隔无限接近 0，那么我们将获得最精确的运动场。

4.5 结论

在这一章中，加速度的概念已经扩展到急动度和痉挛度（以及它们的组成部分）的计算。无论是合成的测试图像序列还是真实的运动场景，检测结果都显示，扩展算法能够进一步成功区分更高阶的运动场。

高阶运动的性质表明，检测这些高阶运动的技术可能更容易受到噪声干扰。例如分析监控视频，由于监控视频通常是对目标的运动进行分析，因此这种情况可能会特别明显。监控视频数据，通常存在低帧率、低分辨率的问题，这些问题都有可能影响高阶运动场技术的检测结果。

5

通过高阶运动检测步态分析中的足跟触地

5.1 概述

在步态分析中，足跟触地是一个重要且基本的步态阶段，因为通过足跟触地的时间和位置可以准确地获得步态周期、步幅和跨距。足跟触地指的是行走周期的支撑阶段，足跟第一次接触地面（Cunado et al., 2003）。本章使用高阶运动场检测足跟触地的时间和位置。在走动中，当脚快着地时，其运动状态从向前摆动变为以足跟为中心的圆周运动。当脚后跟着地时，主导脚的径向加速度将急剧增加。根据这个特点，可以通过检测感兴趣区域（ROI）内的加速度流的数量确定关键帧，即足跟触地发生的那一帧，并通过径向加速度的旋转中心找到触地位置。与其他足跟触地检测方法相比，使用加速度检测方法在时间域上仅需要三个连续帧，所以该方法的检测几乎是实时的，仅有单帧的延迟。

利用高阶运动特征的足跟触地方法在多个数据库上进行了测试，这些数据库在不同环境中记录了多个视角和行走方向，以评估各种环境下的检测率。结果显示了高阶运动特征在时间确定和空间定位方面精确检测的能力。实验中也分析了该方法对监控视频中出现的三种噪声的鲁棒性。与其他方法相比，高阶运动方法对高斯白噪声的敏感性较低，同时对低分辨率和不完整的步态躯干信息也表现出较好的效果。

5.2 使用径向加速度检测足跟触地

5.2.1 步态分析

步态分析是对人类行走时状态的系统研究。它主要应用于两个领域：影响走路的疾病的医疗诊断（Whittle，2007）和身份识别（Nixon et al.，2006）。临床中的步态分析通常使用物理数据分析患者的步行模式，以进行诊断和治疗。这些数据可以通过可穿戴或非可穿戴传感器（如加速度计和跑步机）收集。

在身份识别中，步态作为能够通过摄像头远距离获取的生物特征，是难以隐藏或伪装的。在刑事调查中，步态是最为可靠的生物特征之一。与其他的生物特征相比，它对图像质量的要求较低。已经有不少例子证明步态可以在刑事调查中作为目标体形（Larsen et al.，2008）或一种测量方式（Bouchrika et al.，2011）来使用。

分析步态的方法可以根据测量的传感器分为三类：基于物理传感器的方法、基于深度图像的方法和基于普通图像的方法。基于物理传感器的方法是指对步态的物理数据进行分析，主要分析的数据有动态数据和足底压力（Han et al.，2006；Zeni et al.，2008）。

物理传感器分为穿戴式和非穿戴式两类。被广泛使用的穿戴式传感器是加速度计和陀螺仪（Connor et al.，2018；Shull et al.，2014）。Djurić-Jovičić 等使用加速度计测量腿部和踝关节的角度（Djurić-Jovičić et al.，2011），Rueterbories 等使用陀螺仪测量角位移或科里奥利力，因为这些数据反映了旋转质点的状态（Rueterbories et al.，2010），我们可以使用这些数据区分不同的步态阶段。在压力传感器方法中，地面反作用力（Ground Reaction Force，GRF）被用于分析步态，并且通常被认为是步态状态检测的客观标准（Taborri et al.，2016）。Derlatka 使用动态时间规整（Dynamic Time Warping，DTW）算法测量步幅差异，然后使用 k-最近邻算法（k-NN）对人进行分类（Derlatka，2013）。随后，Derlatka 和 Bogdan 将 GRF 分为五个子阶段，以实现更高的分类准确率（Derlatka et al.，2015）。

基于深度图像或彩色-深度图像的步态分析技术自 PrimeSense 和 Kinect 等深度传感器的普及以来得到了大力发展。这一类方法利用深度图像中身体部位与传感器之间的距离分析步态（O'Connor et al.，2007；Auvinet et al.，2015）。Lu 等于 2014 年基于 Kinect 数据构建了一个名为 ADSC-AWD 的步态数据库（Lu et al.，2014）。O'Connor 则使用 Kinect 测量目标躯干的加速度（O'Connor et al.，2007）。

基于一般图像的步态识别技术已经被广泛研究多年。大多数方法的目标在于通过步态这一"生物签名"来识别个体的身份。一般方法的流程框架包括去除背景、特征提取和分类（Wang et al.，2011）。这些识别方法可以分为两类：基于模型和无模型的方法。基于模型的方法与人体及其走路的动态特征有着紧密的关系。Switoński 等提取了骨架关节点，也就是脚、手和头部等部位轨迹上的速度和加速度作为步态特征（Switoński et al.，2011）。Yam 等于 2002 年提出了一个步态分析模型，他们提取了大腿和小腿旋转的角度进行分析，并且认为不需要提前设置参数（Yam et al.，2002）。无模型的方法主要是分析身体形态或整个步态过程的运动，因此该类方法也同样可以用于分析其他的运动或哺乳动物的步态。Bobick 和 Davis 使用步态轮廓序列的运动能量图和步态运动序列图像进行识别（Bobick et al.，2001），Han 和 Bhanu 使用步态能量图进行识别（Han et al.，2006）。基于模型的方法具有视角不变性和尺度不变性特征，但计算成本相对较高，而且这些方法对图像质量非常敏感。无模型的方法对图像质量不太敏感，计算成本较低，但这类方法本质上对视点和尺度的变化不够鲁棒（Wang et al.，2011）。

5.2.2   步态分析中的足跟触地检测

步态是一种具有周期性的动作，大多数的步态分析方法都依赖于准确的步态周期检测。图 5.1 显示了一个步态周期的定义及其组成部分：同一只脚两次足跟触地（Heel Strike）之间的一系列动作被定义为一个步态周期。足跟触地指的是足跟第一次着地的瞬间。假设一个步态周期从右脚足跟触地开始，右脚以足跟为支撑点旋转直到接触地面（"支撑阶段"），用以支撑身体，而左脚向前摆动（"摆动阶段"），直到左脚的足跟触地；然后两只脚的角色交替，左脚支撑在地面上，右脚向前摆动；当右脚足跟再次触地时，一个步态周期就完成了。

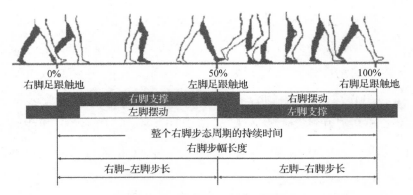

图 5.1 时间域上一个步态周期的组成部分，以及
该周期内的步幅（Cunado et al.，2003）

因此，准确并且高效地检测足跟触地对于确定步态周期来说非常重要，这是因为该动作将步态周期分成支撑阶段和摆动阶段（Zeni et al.，2008）。除此之外，还可以通过足跟在着地瞬间的静止位置推导出步幅。脚跟着地这一行为还可以将行走的人与其他移动物体区分开来。

接触地面的脚在一个步态周期中几乎有一半的时间是静止的，如图 5.2 所示。因此，基于 RGB 图像的足跟触地检测方法通常使用叠加步态图像序列的方法确定，以找到具有最理想特征的区域。Bouchrika 和 Nixon 提取了角点特征用以估计足跟的位置。他们使用 Harris 角点检测器检测每一帧中的所有角点，并通过近邻累积算法获得角点密度图，理论上足跟在地面上的位置位于角点最为密集的区域（Bouchrika et al.，2007b）。

Jung 和 Nixon（2013）利用头部的运动来检测关键帧（即足跟着地的帧）。当一个人行走时，头部在序列中的垂直位置类似于正弦曲线，如图 5.3（a）所示。当足跟着地时，步幅最大，因此头部处于最低点；当双脚交叉时，头部处于最高点。与 Bouchrika

等的方法类似，Jung 和 Nixon 积累了整个序列的轮廓，以找到这些轮廓停留时间最长的位置，如图 5.4 所示。

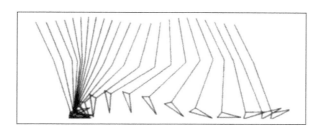

图 5.2 步行过程中脚的运动模型（Bouchrika et al.，2006）

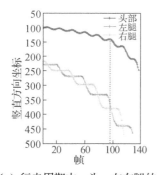  

（a）行走周期中，头、左右腿的　（b）当足跟触地时　　　（c）当双足交替时

高度变化（Jung et al.，2013）　　（Shutler et al.，2004）　　（Shutler et al.，2004）

图 5.3 头部轨迹在步态不同阶段的变化

扫码看彩图

图 5.4 一个步态序列的轮廓积累图（Jung et al.，2013）

扫码看彩图

5.2.3 步态中的加速度模式

　　人体的躯干在行走过程中的动态变化像几个相互连接的钟摆，并且研究人员已成功地使用线性倒立钟摆模型模拟了模型步态（Komura et al.，2005；Kajita et al.，2001）。钟摆的加速度模式十分规律，这意味着我们可以通过基于图像数据的加速度模式来描述步态。图 5.5 显示了身体在脚尖离地、足跟触地和足跟抬起时的加速度场。它们揭示了在不同步态阶段，腿部和脚部比身体的其他部分具有更多的加速度（包括正值和负值）。同样，前臂也具有加速度，因为它们同样在做类钟摆运动。因此通过以上的观察，行走身体的加速度模式可以用来表示不同的步态阶段（Chaquet et al.，2013）。

（a）脚尖离地　　　　　（b）足跟触地　　　　　（c）足跟抬起

图 5.5　一个正在行走的人身体上的径向加速度模式

　　在足跟触地的瞬间，脚部撞击地面迫使其速度在短时间内停止。因此，速度的消失（迅速减速）使前脚的加速度急剧增加。

此外，在足跟触地到完全接触地面的过程中，着地脚的运动大致以足跟为中心呈现环形。因此，足跟触地引起的大部分加速度是径向加速度，由此通过径向加速度的数量可以确定足跟触地的视频帧。之前我们提到过，当一个人行走时，身体的运动类似于几个连接的钟摆（Cunado et al.，2003）。因此，足跟触地引起的径向加速度可能会与其他肢体引起的径向加速度混淆，因为摆动的动态就包含了径向加速度。为了减少干扰，根据行走体形提取位于前脚的感兴趣区域（ROI）。ROI 的大小为 $0.133\ H \times 0.177\ H$，其中 H 表示身高。

5.2.4 触地时间和位置估计

在获得加速度场 $A(t)$ 之后，算法 F 可以将得到的加速度场 $A(t)$ 分解为径向加速度和切向加速度，从而计算出切向加速度场 $T(t)$、径向加速度场 $R(t)$ 以及径向加速度旋转中心图 $C(t)$：

$$F(A(t)) = \begin{cases} T(t), \\ R(t), \\ C(t) \end{cases} \tag{5.1}$$

其中，$A(t)$ 表示的是在 t 时刻的加速度。

如果在 ROI 中检测到的所有径向加速度向量都是脚的旋转运动引起的，那么这些径向加速度向量的旋转中心应该都位于足跟位置。因此，旋转中心密度图中，最密集点表示足跟触地的撞击位置。计算密集点的方法有很多，我们选择了其中三种方法进行实验：加权和、邻近点累积（Bouchrika et al.，2007b）和均值漂移（Nixon et al.，2020）。

加权和是一种非常直接的方法，我们首先用该方法估计旋转中心最为密集的位置。位置可以通过以下公式确定：

$$h(t) = \frac{\sum\limits_{i,j}^{m,n} w_{i,j} \times (i,j)}{\sum\limits_{i,j}^{m,n} w_{i,j}} \tag{5.2}$$

其中，权重因子根据点（i，j）在中心图 $C(t)$ 中的密集程度确定：

$$w_{i,j} = C(t)_{i,j} \tag{5.3}$$

Bouchrika 和 Nixon（2007a）的做法则是将所有步态序列中的角点累积到一张图像中，由于踏出的脚在半个步态周期内都保持以足跟为支撑点进行旋转，因此图中最为密集的角点区域就是触地位置。为了估计角点的密度，他们通过一种近似算法来估计聚集程度：点（i，j）处的角点稠密程度值由周围区域的角点数量确定。我们通过使用他们提出的这种方法，计算了旋转中心图 $C(t)$。如果 $R_{i,j}$ 是 ROI 中心为（i，j）的子区域，那么通过以下公式计算密度值 $d_{i,j}$：

$$\begin{cases} d_{i,j}^r = \dfrac{C_r}{r}, \\[2mm] d_{i,j}^{n-1} = d_{i,j}^n + \dfrac{C_n}{n} \end{cases} \tag{5.4}$$

其中，r 是子区域 $R_{i,j}$ 的半径，大约为 20 像素；$d_{i,j}^n$ 是距离中心（i，j）n 像素的环的接近度值；C_n 是距离中心（i，j）n 像素的旋转中心在密度图 $C(t)$ 中的数量和。对于 ROI 中的每个点，重复使用方程（5.4）来获取旋转中心的密度近似值，其中最密集点就是足跟触地的位置。

均值漂移（Nixon et al.，2020）是一种递归算法，是以非参数模式为基础的一种聚类方法。该算法通过将点向最密集的方向迭代地移动来分配数据点。均值漂移同样也被用于定位足跟触地中足跟的旋转中心图中最为密集的点。在结果验证实验中，参数被设置为 20 像素，实验细节将在第 5.4 节中说明。

5.3 步态识别数据集简介

前几节介绍了使用径向加速度检测步态分析中足跟触地的技术，为了展示该算法性能，我们在各种步态基准数据集上进行了算法评估：大型步态数据库（SOTON）（Shutler et al.，2004）、中科院步态数据库（CASIA）（Wang et al.，2003；Yu et al.，2006；Zheng et al.，2011）和大阪大学多视角大规模步态数据集（OU-ISIR）（Iwama et al.，2012；Takemura et al.，2018）。每个数据库的数据库特点和样本数量在表 5.1 中进行了说明。

表 5.1　实验中使用的步态数据库信息

数据库	目标数量/名	数据库特点
SOTON	115	2 个视角，3 个场景（室内/室外/跑步机）
CASIA-A	20	3 个视角
CASIA-B	124	11 个视角，3 种穿搭条件（普通外套/宽大外套/背包）
OU-ISIR	10 307	14 个视角

5.3.1 大型步态数据库

大型步态数据库（The Large Gait Database，以下简写为 SOTON）（Shutler et al.，2004）是由南安普顿大学于 2002 年建立的。SOTON 收集了 100 多名志愿者的行走序列，场景包括室内（照明条件受控的情况）和室外（照明条件不受控的情况）。对每名受试者收集了 8 条约 1.5 个步态周期长度的视频数据。该步态数据库的变化条件为光照变化，并且研究人员使用了 2 个摄像机从 2 个不同的视角分别捕获了 3 个场景下的步态数据（室内平地上、室内跑步机上、室外平地上），视频帧率为 25 fps。该数据库的室内数据记录过程中，使用了 Chroma-keying 技术去除背景对于步态识别技术的影响。Chroma-keying 可以分割相对较窄范围的颜色：在实验中，室内场景的背景选择了绿色。主要原因为绿色与肤色的颜色相差较大，并且衣物也鲜少有非常鲜艳的绿色，Chroma-keying 技术可以有助于从图像中移除主体的背景。

5.3.2 CASIA 步态数据库

中科院自动化研究所建立了中科院步态数据库 A（CASIA-A）（Wang et al.，2003）和数据库 B（CASIA-B）（Yu et al.，2006；Zheng et al.，2011）。在 CASIA 之前，用于步态识别的数据库很少，其中大多数仅包含少数受试者和行走环境，这极大地限制了步态识别技术的发展。中科院自动化研究所这一数据库的出现揭示了影响步态识别的关键因素，并且为算法提供了比较基准。

CASIA-A 中包含 20 名受试者，他们在室外环境中，以相对于摄像机 0°、45°、90° 三个角度行走。每名受试者在每个视角下拍摄了 4 条视频。这些视频的色彩为 24 位，分辨率为 351×240，帧率为 25 fps。每个序列平均包含 90 帧。

CASIA-B 中的视频均在室内环境中录制。该数据集包含 124 名受试者，其中有 93 名男性和 31 名女性，涵盖三种不同类型的数据：正常行走、穿着外套和携带背包。受试者沿着由 11 个不同角度的摄像机围绕的指定轨迹行走，因此该数据集包含了 11 条不同角度下三种穿搭条件的步态视频。

5.3.3 大阪大学多视角大规模步态数据集（OU-ISIR）

大阪大学多视角大规模步态数据集（OU-ISIR）（Iwama et al.，2012；Takemura et al.，2018）显著提升了步态数据库的受试者规模。该数据库 2018 年版本总共包含了 10 307 名受试者（5 114 名男性和 5 193 名女性），他们的年龄从 4 岁到 89 岁不等（Takemura et al.，2018），数量是该数据库 2012 年版本的 2 倍之多（Iwama et al.，2012）。大量的数据显著促进了近年来非常火热的机器学习算法在步态识别中的应用。此外，受试者年龄和性别的多样性能够提高对步态算法性能进行评估的可靠性。

5.4 实验分析与结果

在以下三个基准数据集上对该足跟触地检测算法进行了评估：CASIA（Yu et al.，2006；Wang et al.，2003）、SOTON（Shutler et al.，2004）和 OU-ISIR（Takemura et al.，2018），实

验中使用的数据收集于各种不同环境中。实验测试了每种情境下约 100 次足跟触地，并且测试数据涵盖了多个视角和行走方向，包括室内和室外记录的步态视频，实验数据信息如表 5.2 所示。由于加速度分解算法基于主体相对于背景垂直移动的角度，因此理论上应在与摄像机视角垂直的方向上效果最佳。实验中使用了多个视角下采集的步态数据来评估算法对其他视角的鲁棒性。

表 5.2　实验数据信息

数据库	CASIA-A (45°)	CASIA-A (90°)	CASIA-B	SOTON	OU-ISIR
是否控制光照条件	否	否	是	是/否	是
摄像机角度/°	45	90	54	90	～75
目标数量/个	13	25	15	21	15
足跟触地次数	96	98	126	114	120
图像帧尺寸	240×352	240×352	240×320	576×720	480×640

足跟触地发生的关键帧和触地位置的真实标签（GT）由三个不同的人进行多次手动标注。图 5.6 展示了不同数据库之间手动标注的关键帧和触地位置的 GT 的方差。关键帧标注的方差通常较小，误差基本上在一帧之内。图 5.6（b）显示触地位置在 SOTON 数据库上的差异较大，因为它与其他数据库相比，具有较大的图像尺寸。

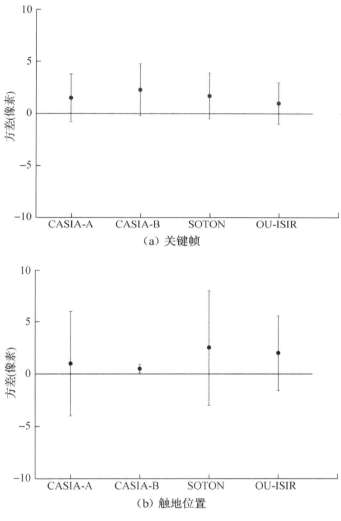

（a）关键帧

（b）触地位置

图 5.6 不同数据库中 GT 的方差

5.4.1 关键帧检测算法

关键帧（或时刻）的检测算法已经在第 5.2.4 节中介绍过，即由 ROI 内的径向加速度的数量确定。步态视频中的每帧径向加速度的直方图给出了关键帧的明确指示，该指示明确并且十分有规律，显示出了步态的周期性。

关键帧检测的框架如图 5.7 所示。图 5.7（a）给出了步态视频序列中足跟触地关键帧的示例，图 5.7（b）对人体进行了轮廓图提取，并根据轮廓图的比例确定了 ROI，图 5.7（c）显示了在一个步态视频中计算 ROI 内径向加速度流数量的直方图，该结果已经通过阈值过滤掉了一定的噪声。从图 5.7（c）的结果可以看到，足跟触地显然发生在第 13 帧、27 帧、41 帧，而第 54 帧和 55 帧中同时具有较多的径向加速度，这是由于足跟触地发生在这两帧之间，这表明如果输入视频具有更高的帧率，那么可能会提高检测的准确性。图 5.8 给出了关键帧检测算法的伪代码。

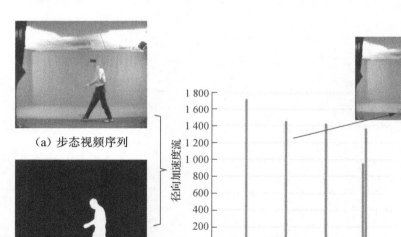

（a）步态视频序列

（b）提取步态轮廓图并且确定 ROI

（c）检测 ROI 中的径向加速度

图 5.7　关键帧检测的框架图

```
for frame in video:
    vel_ field_ 1 = DeepFlow (frame_ 2, frame_ 1)
    vel_ field_ 2 = DeepFlow (frame_ 2, frame_ 3)

    acc_ field = vel_ field_ 1 + vel_ field_ 2
    rad_ field, centre_ map = decomp_ components (acc_ field)

    ROI = extract_ region (silhouette_ 2)
     rotation_ center = density_ accumulation (centre_ map
[ROI])

    for each_ pixel in ROI:
        if rad_ field [each_ pixel] > magnitude_ thres:
            rad_ amount + = 1
        else:
            pass
    end for

    while rad_ amount is peak:
        " KEY FRAME!"
        strike_ position = rotation_ center
    end while
end for

return key_ frames_ num, strike_ positions
```

图 5.8　关键帧检测算法的伪代码

5.4.2　触地位置检测算法

　　ROI 是根据人体比例进行提取的，它在序列中并不总是能够位于前脚位置，因为人体形状在步态周期内会发生变化。此外，如前文所述，在行走过程中，人类肢体的运动类似于几个连接的钟摆，因此在其他身体部位，例如小腿，也存在大量的径向加速度。因此，在计算径向加速度的旋转中心时，其他部位运动引起的径向加速度圆心形成了无效的足跟触地位置。为了降低上述影响，我们在第一步确定的关键帧被用于过滤无效的足跟触地位置。而当触地发生在两帧之间时，径向加速度的数量被视为两帧各自的加权因子。图 5.9（a）显示了每帧检测到的触地位置候选点，图 5.9（b）是经关键帧过滤后的结果，其呈现出明显的（如预期的）步态周期性。

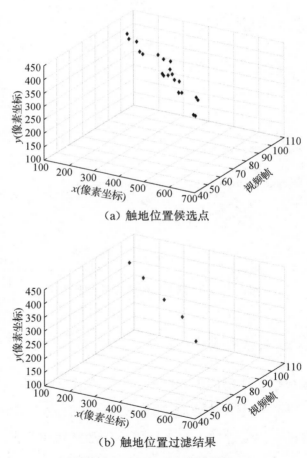

（a）触地位置候选点

（b）触地位置过滤结果

图 5.9 足跟触地位置检测

5.4.3 检测性能

理论上来说，在足跟停留了几乎半个步态周期的位置（即触地位置）应该积累了数量庞大的角点，因此 Bouchrika 和 Nixon 提出了一种通过 Harris 角点检测器在步态周期内检测角点，以确定足跟触地位置的方法（Bouchrika et al.，2007a）。实验将径向加速度检测器的结果与角点检测方法的检测结果进行了比较。结果通过 F 分数进行评估：

$$F_\beta = (1 + \beta^2) \frac{pr}{r + \beta^2 p} \qquad (5.5)$$

其中，p 表示准确率，r 表示召回率，β 表示调节召回率和精确度权重的参数，F_β 表示召回率 r 的权重为准确率 $p\beta$ 倍的合并结果。如果将 β 设为较小的值，那么 F 分数更偏向于准确率；如果 β 较大，那么 F 分数更偏向于召回率（Sokolova et al.，2006）。如果用 TP（True Positive）表示正确正样本的数量，TN（True Negative）表示正确负样本的数量，FP（False Positive）表示错误正样本的数量，FN（False Negative）表示错误负样本的数量，那么可以用以下公式计算 p 和 r：

$$p = \frac{TP}{TP + FP} \qquad r = \frac{TP}{TP + FN} \qquad (5.6)$$

图 5.10 和图 5.11 展示了径向加速度检测器和角点检测器的 $F1$ 分数比较情况。由于 F 分数在 β 较小时更倾向于准确率，而在 β 较大时更倾向于召回率，因此这里将 β 设置为 1 以平衡结果。实验结果与 Sun 等在 2018 年发表的论文（Sun et al.，2018）

结果不同，因为该实验中并未去除背景，测试环境更加接近真实
情况。本实验对足跟触地的瞬间（关键帧）和位置检测结果分开评
估，因为这是两个单独的指标，且定义了步态周期中的不同事件。

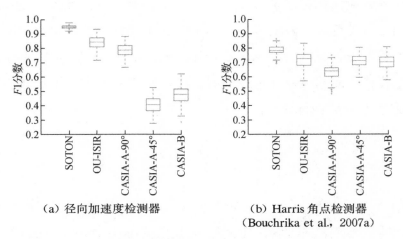

（a）径向加速度检测器　　　　　（b）Harris 角点检测器
　　　　　　　　　　　　　　　　（Bouchrika et al.，2007a）

图 5.10　关键帧检测的 *F*1 分数

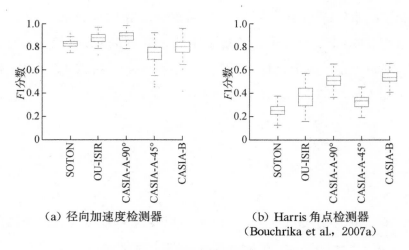

（a）径向加速度检测器　　　　　（b）Harris 角点检测器
　　　　　　　　　　　　　　　　（Bouchrika et al.，2007a）

图 5.11　触地位置检测的 *F*1 分数

由于角点检测方法并不给出关键帧的检测结果，因此为了能

够与径向加速度检测方法对比，评估中使用了附加条件，即角点检测法的结果如果在 GT 邻域 ±30 像素范围内，那么该结果即被视为一正确正样本。该附加条件实际上相当宽松，能够对关键帧进行较为粗略的估计。而对于径向加速度检测法，在图 5.10 中，判断是否为正确正样本的标准是检测到的帧是否在 GT 邻域的 ±2 帧之内。对于这两种方法的足跟定位结果，如果检测到的触地位置在 GT 邻域的 ±10 像素范围内（包括两个方向），那么为正确正样本。

图 5.10 的结果说明当摄像机几乎垂直于行走方向时，径向加速度能够非常准确地检测到关键帧，而随着摄像机与行走对象之间的角度增加，检测率则逐渐降低。如果行走轨迹不垂直于摄像机，那么加速度的尺度会在图像序列中发生变化，因此加速度对视角更为敏感。当角度较大时，如果距离摄像机较远，那么加速度的幅度就会非常小，这将导致检测失效。图 5.13 的最后一行显示了当行走主体远离摄像机时通常会发生漏检情况。

在图 5.11 中，对于所有摄像机视角，径向加速度检测方法定位到的足跟位置比 Harris 角点检测器的结果更精确，特别是在 SOTON 数据集上。主要原因是 SOTON 的图像尺寸较大，这导致 Harris 角点检测器的累积区域过大，从而使精度相应降低。

图 5.12 展示了相对于加速度幅值（变化范围从 0 到 4）和角点密度（变化范围从 500 到 1 600）的准确率-召回率（PR）曲线。由于触地位置是经过关键帧过滤的，它们对阈值的变化并不敏感，因此只评估了关键帧检测算法。

径向加速度曲线下的面积比角点检测器更大，因此它具有更高的召回率。同时，径向加速度的精度也十分稳定，它在召回率变化时基本上稳定在 86% 左右，而图中的曲线显示角点检测器对密度变化更为敏感。

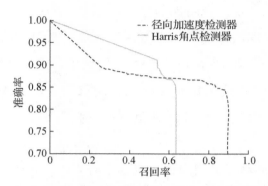

图 5. 12　径向加速度检测器与 Harris 角点检测器检测关键帧的准确率-召回率曲线

图 5.13 为不同步态数据库的检测结果示例，当摄像机与行走主体之间的角度较小，径向加速度检测方法可以精确地定位足跟触地的位置和关键帧。在 CASIA-A-45°的条件下（图 5.13 的最后一行），当行走主体远离摄像机时，径向加速度检测方法遗漏了几次足跟触地，定位的准确性也降低了。

在步态分析中，确定足跟触地的位置是十分重要的。在上述实验中，使用了加权和法来估计触地位置。为了进一步提升足跟触地位置的准确度，还测试了 Bouchrika 和 Nixon 提出的邻近点累积和均值漂移方法（Bouchrika et al.，2007a）。由于 ROI 中只包含一个足跟触地位置，因此只需要确定一个点，实验将区域大小设定为 20像素，并从 SOTON 数据库中随机选择了约 100 个足跟触地的关键帧进行测试。表 5.3 中的准确预测条件是检测结果的位置距离真实位置在 ±3 像素范围内。从表中可以看到，均值漂移显著提高了定位的精确度，也证明了径向加速度相比角点更适用于检测足跟触地。

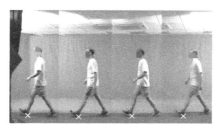

SOTON 数据库

SOTON 数据库

SOTON 数据库

OU-ISIR 数据库

CASIA 数据库

CASIA 数据库

CASIA 数据库

CASIA 数据库

图 5.13　不同步态数据的检测结果示例

扫码看彩图

表 5.3　不同触地位置计算方法对比

方法	$F1$ 分数
邻近点累积（Bouchrika et al., 2007a）	0.72
均值漂移	0.95

5.4.4 足跟触地检测方法的鲁棒性检测

检测方法在一系列不确定因素干扰成像条件下的检测性能是其能够应用到现实中的一个重要问题，因此实验中也对足跟触地检测技术的鲁棒性进行了评估。为了构建干扰图像，我们对原始序列人工添加可能会影响检测结果的三种因素：零均值白噪声、检测区域的遮挡以及降低图像分辨率。这些因素反映了在实际监控视频中可能遇到的一些实际噪声，图 5.14 为不同级别噪声的示例。

（a）高斯白噪声（＝1.5%）　　　　　（b）ROI 区域遮挡（＝40%）

图 5.14　添加噪声和遮挡示例

图 5.15 展示了径向加速度检测器对上面提到的干扰因素的鲁棒性测试结果。为了进行对比，实验同样评估了噪声对角点检测器的影响。结果显示，径向加速度检测器的性能随着高斯白噪声方差的增加而缓慢平稳地降低，如图 5.15（a）所示。相比之下，角点检测器对高斯白噪声的增加更为敏感。

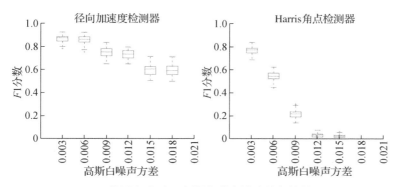

（a）检测方法对于高斯白噪声影响的鲁棒性

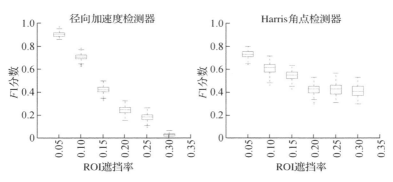

（b）检测方法对于遮挡影响的鲁棒性

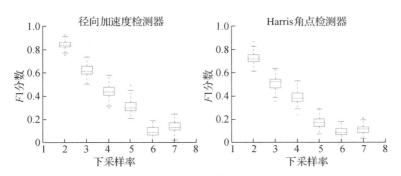

（c）检测方法对于低分辨率影响的鲁棒性

图 5.15 足跟触地检测方法的鲁棒性测试结果

由于在实际的监控视频中，步态信息很有可能被遮挡，影响有效信息的获得，因此实验中，对于遮挡的鲁棒性评估实际上是非常必要的，评估结果可能会揭示该方法是否能在实际中被应用。为了模拟步态被遮挡的情况，我们使用随机纹理从脚趾到脚跟逐渐覆盖 ROI。从结果中可以看到，在遮挡下，足跟触地检测方法的性能逐渐降低，当 ROI 的整体面积被覆盖超过 30% 时，径向加速度检测器完全失效。这是因为大多数幅度较大的加速度产生于脚趾的周围（脚趾在足跟支撑地面期间移动的距离最大），但当 ROI 的遮挡超过 30% 时，脚趾就几乎完全被遮挡了。由于大部分角点集中在足跟上，而足跟并未被遮挡，因此角点检测方法的检测性能没有显著降低。因此，在遮挡较少时，径向加速度检测方法的性能优于角点检测方法，而如果遮挡的部位是足跟，那么径向加速度检测方法对于遮挡的鲁棒性将远远超过角点检测方法。

低分辨率的干扰情况反映了在监视视频中主体的分辨率不足的情况下，是否还能够获取有效信息进行检测。通过对原始图像下采样，获得了水平和竖直方向上分别缩小到原来 $\frac{1}{5}$ 的测试图像（此时，目标高度约为 70 像素，原图为 350 像素左右）。这两种方法的检测率在低分辨率的情况下都发生了显著的降低，径向加速度检测方法和角点检测方法表现出了类似的下降趋势。

5.4.5　通过急动度和痉挛度检测足跟触地

在上一章的检测系统基础上，急动度和痉挛度也被应用于检测足跟触地。图 5.16 显示了在一个步态周期中每 7 帧进行一次采样的归一化径向急动度和痉挛度。当足跟触地时，前脚也周期性地存在大量的高阶运动，尽管痉挛度场的结果存在一定的噪声。

这是因为急动度和痉挛度是更高阶的动态变化量，它们表示相对强烈的运动。下面我们将了解急动度和痉挛度是否和加速度一样，是否有能力检测和定位足跟触地，又或者是否比加速度的性能更佳。

（a）步态的急动度模式

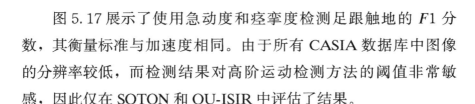

（b）步态的痉挛度模式

图 5.16　一个步态周期内的高阶运动场模式

扫码看彩图

图 5.17 展示了使用急动度和痉挛度检测足跟触地的 $F1$ 分数，其衡量标准与加速度相同。由于所有 CASIA 数据库中图像的分辨率较低，而检测结果对高阶运动检测方法的阈值非常敏感，因此仅在 SOTON 和 OU-ISIR 中评估了结果。

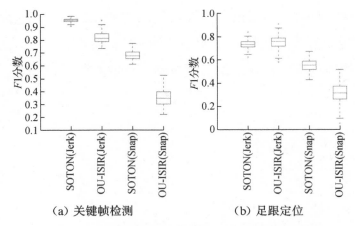

（a）关键帧检测　　　　　（b）足跟定位

图 5.17　急动度和痉挛度检测结果的 F1 分数

急动度在关键帧检测方面与加速度表现几乎持平，在足跟定位的精确度上略低。这表明急动度可以被应用于实际的步态分析或其他真实图像应用中。另外，作为描述运动变化的最高阶物理量，痉挛度的表现不佳，显著低于另外两种运动变化量，而且OU-ISIR 的感兴趣区域的面积较小，这也给检测增加了难度。

图 5.18 所示的准确率–召回率曲线表明急动度具有较大的曲线

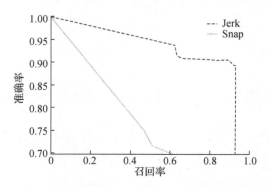

图 5.18　急动度和痉挛度检测关键帧的准确率–召回率曲线

下面积,这表示它在召回率和准确率上都表现出相对较好的性能。在平衡准确率和召回率上,它比痉挛度表现得更为出色。

5.5 讨论

在动力学中,力的变化导致产生加速度,而加速度改变了运动形式。因此,加速度是检测运动变化的一个独特方式。先前的研究中,有一部分基于物理特性分析步态的方法使用了加速度计和陀螺仪测量身体部位的加速度和角速度,以确定足部支撑、向前摆动和触地等不同的步态阶段(Connor et al.,2018;Taborri et al.,2016)。这类方法理论上也同样适用于标准图像序列,即通过高阶运动物理量来检测足跟触地。当足跟接近地面时,脚部具有大量的径向加速度,并且其旋转中心位于足跟部位。实验结果表明,通过高阶运动计算足跟触地位置比先前的技术更为精确。此外,径向加速度检测方法克服了实时检测的问题,因为该方法只需要三帧来估计加速度流,从而能够确定足跟触地的关键帧和位置。对不同类型噪声的性能评估表明,高斯白噪声对加速度的干扰较小。

另外,高阶运动算法的主要局限性在于该算法对摄像机和被拍摄主体之间的视角十分敏感。当摄像机与主体的角度正交时,高阶运动算法的结果最为准确,这是因为该算法和相关的分解算法是基于一个二维平面进行分析的。目前能够解决这个问题的最现实的方式是使用三维立体视觉方案,例如使用 Kinect 深度图像等具有深度信息的数据替代普通二维图像序列。然而,其计算复杂度则会远远高于当前的算法。

　　高阶运动算法的另一个缺点是它只能应用于具有静态背景，且图像中的主体不重叠的视频中，当前的许多计算机视觉方法实际上也面临类似的问题。目前，对于大多数基于标准普通图像的步态分析技术，背景去除和轮廓提取是必不可少的预处理步骤。如果技术的应用场景过于复杂，例如在拥挤场景中，多个主体发生重叠，那么结果将会受到严重影响。因此，在将这些技术应用于可能存在各种干扰的真实视频中时，比如地铁里的监控视频或在逆光条件下录制的视频，这些技术仍有待改进的空间。

5.6　结论

　　本章介绍了高阶运动场可以用于足跟触地检测这一步态分析中的重要阶段。Cunado 等提出，四肢在行走的过程中具有类似钟摆的运动，同时加速度也早已被广泛应用于基于物理数据的步态分析技术中，因此步态的运动特性可以通过径向加速度和切向加速度区分（Cunado et al.，2003）。本章比较了新的足跟触地检测技术与现有技术之间的性能。结果表明，这种新技术不仅显著提高了精确度，还实现了近似的实时检测。由于加速度的径向和切向分量是基于垂直于被拍摄主体的平面推导出来的，因此实验中还探究了摄像机视角如何影响检测结果。

6

高阶运动场更多的潜在应用场景

6.1　视频理解

目前已有一些研究人员提出利用加速度来检测异常行为。Chen 等应用加速度来检测异常行为（Chen et al.，2015），Dong 等将光流和加速度流分别和组合输入网络中，以检测场景中的暴力行为（Dong et al.，2016）。他们认为最为可靠的特征是加速度。当人们打斗时，由于他们的手臂摆动，脚部踢动，因此他们的身体部分通常会产生较为明显的加速度。而相比之下，速度在普通的运动中通常都会存在。因此，加速度场能够在未来用于暴力犯罪的检测。

6.2　步态分析

由于不同步态阶段的运动特性是非常独特的，因此加速度计和陀螺仪在基于物理数据的步态分析技术中已经得到了广泛应用（Connor et al.，2018；Shull et al.，2014）。第 5 章已经介绍了在足跟触地的瞬间前脚会出现大量的径向加速度和急动度。图 6.1 展示了对于一个步态周期，每 5 帧进行一次采样的归一化的加速度和急动度。结果显示，在步态周期的不同阶段，人体的每个部分的加速度和急动度都呈现出了不同的特征。

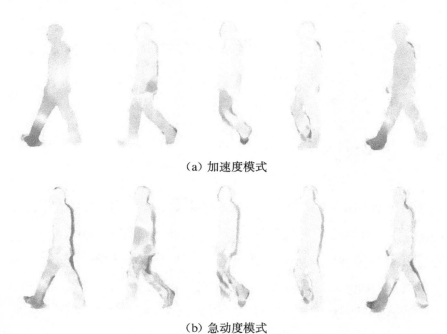

（a）加速度模式

（b）急动度模式

图 6.1　步态周期中加速度和急动度模式

这一结果表明通过物理运动数据分析步态的技术，同样也适用于计算机图像。一些步态分析的研究已经探索了步态中的速度和加速度（Taborri et al.，2016），因此理论上从计算机图像中提取的身体各部分的高阶运动流也同样能用来区分行走的不同阶段。此外，加速度也可以用于人体的分割，例如，在人体上半身很少有明显的加速度，因此可以利用该先验知识分离人体的腿部和身体。

参考文献

AUVINET E，MULTON F，AUBIN C E，et al，2015. Detection of gait cycles in treadmill walking using a Kinect ［J］. Gait & Posture，41（2）：722－725.

BAGDADI O，VÁRHELYI A，2013. Development of a method for detecting Jerks in safety critical events ［J］. Accident Analysis & Prevention，50：83－91.

BAKER S，SCHARSTEIN D，LEWIS J P，et al，2011. A database and evaluation methodology for optical flow ［J］. International Journal of Computer Vision，92（1）：1－31.

BARRON J L，FLEET D J，BEAUCHEMIN S S，1994. Performance of optical flow techniques ［J］. International Journal of Computer Vision，12（1）：43－77.

BLACK M J，ANANDAN P，1996. The robust estimation of multiple motions：Parametric and piecewise-smooth flow fields ［J］. Computer Vision and Image Understanding，63（1）：75－104.

BOBICK A F，DAVIS J W，2001. The recognition of human movement using temporal templates ［J］. IEEE Transactions on Pattern Analysis and Machine Intelligence，23（3）：257－267.

BOUCHRIKA I，GOFFREDO M，CARTER J，et al，2011. On

using gait in forensic biometrics [J] . Journal of Forensic Sciences，56（4）：882 – 889.

BOUCHRIKA I，NIXON M S，2006. Markerless feature extraction for gait analysis [C] . Sheffield，US：Chapter Conference on Advanced in Cybernetic Systems：55 – 60.

BOUCHRIKA I，NIXON M S，2007a. Gait-based pedestrian detection for automated surveillance [C] . [S. l.]：The 5th International Conference on Computer Vision Systems（ICVS）.

BOUCHRIKA I，NIXON M S，2007b. Model-based feature extraction for gait analysis and recognition [C] //GAGALOWICZ A，PHILIPS W. Computer vision/computer graphics collaboration techniques. Heidelberg：Springer：150 – 160.

BRINGMANN B，MAGLIE P，2009. A method for direct evaluation of the dynamic 3D path accuracy of NC machine tools [J] . CIRP Annals，58（1）：343 – 346.

BROX T，BRUHN A，PAPENBERG N，et al，2004. High accuracy optical flow estimation based on a theory for warping [M] //PAJDLA T，MATAS J. Computer vision—ECCV 2004. Heidelberg：Springer：25 – 36.

CALIGIURI M P，TEULINGS H L，FILOTEO J V，et al，2006. Quantitative measurement of handwriting in the assessment of drug-induced parkinsonism [J] . Human Movement Science，25（4/5）：510 – 522.

CHAQUET J M，CARMONA E J，FERNÁNDEZ-CABALLERO A，2013. A survey of video datasets for human action and activity recognition [J] . Computer Vision and Image Understanding, 117 (6): 633 - 659.

CHEN C Y, SHAO Y, BI X J, 2015. Detection of anomalous crowd behavior based on the acceleration feature [J] . IEEE Sensors Journal, 15 (12): 7252 - 7261.

CONNOR P, ROSS A, 2018. Biometric recognition by gait: A survey of modalities and features [J]. Computer Vision and Image Understanding, 167: 1 - 27.

CUNADO D, NIXON M S, CARTER J N, 2003. Automatic extraction and description of human gait models for recognition purposes [J] . Computer Vision and Image Understanding, 90 (1): 1 - 41.

DERLATKA M, 2013. Modified k-NN algorithm for improved recognition accuracy of biometrics system based on gait [M] // SAEED K, CHAKI R, CORTESI A, et al. Computer information systems and industrial management. Heidelberg: Springer: 59 - 66.

DERLATKA M, BOGDAN M, 2015. Ensemble kNN classifiers for human gait recognition based on ground reaction forces [C] . Warsaw, Poland: 2015 8th International Conference on Human System Interaction (HSI): 88 - 93.

DJURIĆ-JOVIČIĆ M D, JOVIČIĆ N S, POPOVIĆ D B, 2011. Kinematics of gait: New method for angle estimation based on accelerometers [J] . Sensors (Basel, Switzerland), 11 (11): 10571 - 10585.

DONG Z H，QIN J，WANG Y H，2016. Multi-stream deep networks for person to person violence detection in videos [C] //TAN T，LI X，CHEN X，et al. Chinese conference on pattern recognition. Singapore：Springer：517 – 531.

DOSOVITSKIY A，FISCHER P，ILG E，et al，2015. FlowNet：Learning optical flow with convolutional networks [C]. Santiago，Chile：2015 IEEE International Conference on Computer Vision (ICCV)：2758 – 2766.

EAGER D，PENDRILL A M，REISTAD N，2016. Beyond velocity and acceleration：Jerk，snap and higher derivatives [J]. European Journal of Physics，37 (6)：065008.

EICHHORN R，LINZ S J，HÄNGGI P，1998. Transformations of nonlinear dynamical systems to jerky motion and its application to minimal chaotic flows [J]. Physical Review E，58 (6)：7151 – 7164.

FARNEBÄCK G，2003. Two-frame motion estimation based on polynomial expansion [M] //BIGUN J，GUSTAVSSON T. Image analysis. Heidelberg：Springer：363 – 370.

FORTUN D，BOUTHEMY P，KERVRANN C，2015. Optical flow modeling and computation：A survey [J]. Computer Vision and Image Understanding，134：1 – 21.

GEIGER A，LENZ P，STILLER C，et al，2013. Vision meets robotics：The KITTI dataset [J]. The International Journal of Robotics Research，32 (11)：1231 – 1237.

GORDONG，MILMAN E，2006. Learning optical flow [J].

Image (Rochester, N. Y.): 83 - 97.

HAN J, BHANU B, 2006. Individual recognition using gait energy image [J] . IEEE Transactions on Pattern Analysis and Machine Intelligence, 28 (2): 316 - 322.

HORN B K P, SCHUNCK B G, 1981. Determining optical flow [J] . Artificial Intelligence, 17 (1/2/3): 185 - 203.

IWAMA H, OKUMURA M, MAKIHARA Y, et al, 2012. The OU-ISIR gait database comprising the large population dataset and performance evaluation of gait recognition [J] . IEEE Transactions on Information Forensics and Security, 7 (5): 1511 - 1521.

JUNG S U, NIXON M S, 2013. Heel strike detection based on human walking movement for surveillance analysis [J] . Pattern Recognition Letters, 34 (8): 895 - 902.

KAJITA S, MATSUMOTO O, SAIGO M, 2001. Real-time 3D walking pattern generation for a biped robot with telescopic legs [C] . Seoul, South Korea: Proceedings 2001 ICRA. IEEE International Conference on Robotics and Automation. 3: 2299 - 2306.

KALSOOM R, HALIM Z, 2013. Clustering the driving features based on data streams [C] . Lahore, Pakistan: INMIC: 89 - 94.

KOMURA T, NAGANO A, LEUNG H, et al, 2005. Simulating pathological gait using the enhanced linear inverted pendulum model [J] . IEEE Transactions on Bio-Medical Engineering, 52 (9): 1502 - 1513.

KONG L J，LI X L，CUI G L，et al，2015. Coherent integration algorithm for a maneuvering target with high-order range migration ［J］. IEEE Transactions on Signal Processing，63（17）：4474 - 4486.

LARSEN P K，SIMONSEN E B，LYNNERUP N，2008. Gait analysis in forensic medicine ［J］. Journal of Forensic Sciences，53（5）：1149 - 1153.

LIU C，YUEN J，TORRALBA A，et al，2008. SIFT flow：Dense correspondence across different scenes ［M］// FORSYTH D，TORR P，ZISSERMAN A. Computer vision-ECCV 2008. Heidelberg：Springer：28 - 42.

LOWE D G，2004. Distinctive image features from scale-invariant keypoints ［J］. International Journal of Computer Vision，60（2）：91 - 110.

LUCAS B D，KANADE T，1981. An iterative image registration technique with an application to stereo vision（IJCAI）［J］. Imaging：674 - 679.

LU J W，WANG G，MOULIN P，2014. Human identity and gender recognition from gait sequences with arbitrary walking directions ［J］. IEEE Transactions on Information Forensics and Security，9（1）：51 - 61.

MEIRING G A M，MYBURGH H C，2015. A review of intelligent driving style analysis systems and related artificial intelligence algorithms ［J］. Sensors（Basel，Switzerland），15（12）：30653 - 30682.

MURPHEY Y L, MILTON R, KILIARIS L, 2009. Driver's style classification using Jerk analysis [C]. Nashville, TN: 2009 IEEE Workshop on Computational Intelligence in Vehicles and Vehicular Systems: 23 – 28.

NAGASAKI H, 1989. Asymmetric velocity and acceleration profiles of human arm movements [J]. Experimental Brain Research, 74 (2): 319 – 326.

NIR T, BRUCKSTEIN A M, KIMMEL R, 2008. Over-parameterized variational optical flow [J]. International Journal of Computer Vision, 76 (2): 205 – 216.

NIXON M S, AGUADO A S, 2020. Feature extraction and image processing for computer vision [M]. 4th ed. Waltham, MA: Academic Press.

NIXON M S, TAN T N, CHELLAPPA R, 2006. Human identification based on gait [M]. Boston, MA: Springer US.

O'CONNOR C M, THORPE S K, O'MALLEY M J, et al, 2007. Automatic detection of gait events using kinematic data [J]. Gait & Posture, 25 (3): 469 – 474.

RUETERBORIES J, SPAICH E G, LARSEN B, et al, 2010. Methods for gait event detection and analysis in ambulatory systems [J]. Medical Engineering & Physics, 32 (6): 545 – 552.

SAUNIER N, SAYED T, 2006. A feature-based tracking algorithm for vehicles in intersections [C]. Quebec, Canada: The 3rd Canadian Conference on Computer and Robot Vision (CRV'06): 59.

SCHOT S H，1978. Jerk：The time rate of change of acceleration [J] . American Journal of Physics，46（11）：1090 – 1094.

SHULL P B，JIRATTIGALACHOTE W，HUNT M A，et al，2014. Quantified self and human movement：A review on the clinical impact of wearable sensing and feedback for gait analysis and intervention [J] . Gait & Posture，40（1）：11 – 19.

SHUTLER J D，GRANT M G，NIXON M S，et al，2004. On a large sequence-based human gait database [C] //LOTFI A，GARIBALDI J M. Applications and science in soft computing. Heidelberg：Springer：339 – 346.

SOKOLOVA M，JAPKOWICZ N，SZPAKOWICZ S，2006. Beyond accuracy，F-score and ROC：A family of discriminant measures for performance evaluation [M] //SATTAR A，KANG B H. AI 2006：Advances in artificial intelligence. Heidelberg：Springer：1015 – 1021.

SUN D Q，ROTH S，BLACK M J，2010. Secrets of optical flow estimation and their principles [C] . San Francisco，USA：2010 IEEE Computer Society Conference on Computer Vision and Pattern Recognition：2432 – 2439.

SUN D Q，ROTH S，BLACK M J，2014. A quantitative analysis of current practices in optical flow estimation and the principles behind them [J] . International Journal of Computer Vision，106 （2）：115 – 137.

SUN D Q，2013. From pixels to layers：Joint motion estimation and segmentation [D] . Providence，RI，USA：Brown University.

SUN Y, HARE J S, NIXON M, 2016. Detecting acceleration for gait and crime scene analysis [C] . The 7th International Conference on Imaging for Crime Detection and Prevention.

SUN Y, HARE J S, NIXON M S, 2017. Analysing acceleration for motion analysis [C] . Jaipur, India: 2017 13th International Conference on Signal-Image Technology & Internet-Based Systems (SITIS): 289－295.

SUN Y, HARE J S, NIXON M S, 2018. Detecting heel strikes for gait analysis through acceleration flow [J] . IET Computer Vision, 12 (5): 686－692.

SUN Y, HARE J S, NIXON M S, 2021. On parameterizing higher-order motion for behaviour recognition [J] . Pattern Recognition, 112: 107710.

SWITOŃSKI A, POLANSKI A, WOJCIECHOWSKI K, 2011. Human identification based on gait paths [M] //BLANC-TALON J, KLEIHORST R, PHILIPS W, et al. Advanced concepts for intelligent vision systems. Heidelberg: Springer: 531－542.

TABORRI J, PALERMO E, ROSSI S, et al, 2016. Gait partitioning methods: A systematic review [J] . Sensors (Basel, Switzerland), 16 (1): 66.

TAKEMURA N, MAKIHARA Y, MURAMATSU D, et al, 2018. Multi-view large population gait dataset and its performance evaluation for cross-view gait recognition [J] . IPSJ Transactions on Computer Vision and Applications, 10

(1)：1-14.

TEED Z，DENG J，2020. RAFT：Recurrent all-pairs field transforms for optical flow [M] //VEDALDI A，BISCHOF H，BROX T，et al. European conference on computer vision. Cham：Springer：402-419.

THOMPSON P M，2011. Snap crackle and pop [C]. [S. l.]：Proceeding of AIAA Southern California Aerospace Systems and Technology Conference.

TROBIN W，POCK T，CREMERS D，et al，2008. An unbiased second-order prior for high-accuracy motion estimation [M] //RIGOLL G. Joint pattern recognition symposium. Heidelberg：Springer：396-405.

WANG J，SHE M，NAHAVANDI S，et al，2011. A review of vision-based gait recognition methods for human identification [C]. Sydney，Australia：2010 International Conference on Digital Image Computing：Techniques and Applications：320-327.

WANG L，NING H Z，TAN T N，et al，2004. Fusion of static and dynamic body biometrics for gait recognition [J]. IEEE Transactions on Circuits and Systems for Video Technology，14 (2)：149-158.

WANG L，TAN T N，NING H Z，et al，2003. Silhouette analysis-based gait recognition for human identification [J]. IEEE Transactions on Pattern Analysis and Machine Intelligence，25 (12)：1505-1518.

WEDEL A, POCK T, ZACH C, et al, 2009. An improved algorithm for TV-I 1 optical flow [C] //CREMERS D, ROSENHAHN B, YUILLE A L, et al. Statistical and geometrical approaches to visual motion analysis. Heidelberg: Springer: 23 - 45.

WEINZAEPFEL P, REVAUD J, HARCHAOUI Z, et al, 2013. DeepFlow: Large displacement optical flow with deep matching [C] . Sydney, Australia: Proceedings of the 2013 IEEE International Conference on Computer Vision: 1385 - 1392.

WHITTLE M W, 2007. Normal ranges for gait parameters [M] //Gait analysis: An introduction. 4th ed. Amsterdam: Elsevier: 223 - 224.

XU L, JIA J Y, MATSUSHITA Y, 2012. Motion detail preserving optical flow estimation [J] . IEEE Transactions on Pattern Analysis and Machine Intelligence 34 (9): 1744 - 1757.

YAAKOB R, ARYANFAR A, HALIN A A, et al, 2013. A comparison of different block matching algorithms for motion estimation [J] . Procedia Technology, 11: 199 - 205.

YAM C Y, NIXON M S, CARTER J N, 2002. Gait recognition by walking and running: A model-based approach [C] . Melbourne, Australia: The 5th Asian Conference on Computer Vision: 1 - 6.

YU S Q, TAN D L, TAN T N, 2006. A framework for evaluating the effect of view angle, clothing and carrying condition on gait recognition [C]. Hong Kong, China: 18th International Conference on Pattern Recognition (ICPR'06): 441-444.

YU S Q, TAN T N, HUANG K Q, et al, 2009. A study on gait-based gender classification [J]. IEEE Transactions on Image Processing: Publication of the IEEE Signal Processing Society, 18 (8): 1905-1910.

ZENI J A Jr, RICHARDS J G, HIGGINSON J S, 2008. Two simple methods for determining gait events during treadmill and overground walking using kinematic data [J]. Gait & Posture, 27 (4): 710-714.

ZHANG J C, SU T, ZHENG J B, et al, 2017. Novel fast coherent detection algorithm for radar maneuvering target with Jerk motion [J]. IEEE Journal of Selected Topics in Applied Earth Observations and Remote Sensing, 10 (5): 1792-1803.

ZHENG S, ZHANG J G, HUANG K Q, et al, 2011. Robust view transformation model for gait recognition [C]. Brussels, Belgium: 18th IEEE International Conference on Image Processing: 2073-2076.

ZIMMER H, BRUHN A, WEICKERT J, et al, 2009. Complementary optic flow [C]//CREMERS D, BOYHOV Y, BLAKE A, et al. International workshop on energy minimization methods in computer vision and pattern recognition. Heidelberg: Springer: 207-220.